決戰！
拿鐵熊貓 VS. 物聯網
超入門

CAVEDU教育團隊
曾吉弘、徐豐智、李俊德、袁佑緣

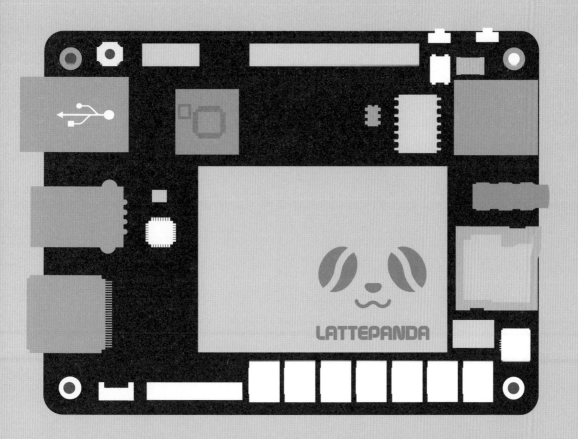

LATTEPANDA

翰吉 Han Geek

序

　　Raspberry Pi 樹莓派開啟了單板電腦（Single Box Computer）的新紀元，平價又具備一定程度以上的運算能力。但是使用者仍需要考量近年來，市面上陸續出現一些可執行 Windows 作業系統的單板電腦，例如：DFRobot 的 LattePanda（拿鐵熊貓）與研揚科技的 Upboard，雖然單板電腦已經不是一件新鮮事，但在可執行 Windows 作業系統這件事情上依舊是相當令人期待，對於 Windows 使用者來說，更是一大福音。

　　由 DFRobot 公司推出的 LattePanda（拿鐵熊貓）是一款可以執行 Windows 10 作業系統的單板電腦，可執行完整的 Windows 10 作業系統，板子本身內建 Wi-Fi 與藍牙 4.0 功能，還有一個 ATmega32U4 晶片來執行各種 Arduino 嵌入式系統小程式，適合開發各種物聯網小型專題。換言之，拿鐵熊貓本身既是迷你電腦，也是個 Arduino 開發板，對於初入門的新手來說，省去了許多安裝與設定的麻煩。本書除了介紹 LattePanda 的基本功能以外，也介紹了許多進階的互動與聯網專題應用，從 Visual Studio、OpenCV 視覺辨識，到微軟 Azure IoT 雲端物聯網所衍生的各種智慧居家的應用。本書主旨在於簡便易懂，減少新手使用的負擔。本書作者群在此感謝 DFRobot 公司所提供的技術支援與編輯同仁的專業建議。提供優質內容是 CAVEDU 的堅持，也感謝您一路走來的肯定與鼓勵。

CAVEDU 教育團隊 謹致

service@cavedu.com

本書所有範例皆可由 www.cavedu.com/books 下載

推薦序

　　初次與吉弘兄見面是在 2016 年由本公司執行的上海創客嘉年華，很高興能邀請他來此分享臺灣在物聯網與創客教育上的實務經驗，也開啟了日後的合作契機。協助我們編寫許多有趣的項目，並分享給世界上更多有興趣的用戶們。

　　我們對於開發 LattePanda 的想法是提供一個功能強大且性價比高的單板計算機來滿足不同需求的使用者。執行 Windows 操作系統可讓用戶更快上手，且其處理晶片效能足以執行絕大多數的常用軟體。對於硬體玩家來說，LattePanda 上頭整合了一顆 Arduino 晶片，省去了外接開發板的麻煩。方便用戶制作各式物聯網互動專題。本書內容包含了雲端系統、物聯網應用以及有趣的機器人，您都能找到喜歡的切入點，一起進入有趣的動手做世界吧！

DFROBOT

CEO

Ricky 叶琛

CAVEDU 教育團隊簡介

http://www.cavedu.com

CAVEDU，帶您從 0 到 0.1 ！

　　CAVEDU 教育團隊是由一群對教育充滿熱情的大孩子所組成的科學教育團隊，積極推動國內之機器人教育，業務內容包含技術研發、出版書籍、研習培訓與設備販售。

　　團隊宗旨在於以讓所有有心學習的朋友皆能取得優質的服務與課程。本團隊已出版多本樂高機器人、Arduino、Raspberry Pi 與物聯網等相關書籍，並定期舉辦研習會與新知發表，期望帶給大家更豐富與多元的學習內容。

CAVEDU 全系列網站

課程介紹　　研究專題

系列叢書　　活動快報

作者群簡介

曾吉弘

現為：CAVEDU 教育團隊技術總監、麻省理工學院電腦科學人工智慧實驗室（MIT CSAIL）訪問學者與 App Inventor master trainer。
學歷：國立臺北教育大學玩具與遊戲設計碩士。
專長：物聯網、Android 以及機器人教學。
致力於推廣機器人教育與 Maker 活動，在臺灣各地辦理諸多講座與基礎教學研習。
本團隊針對 App Inventor、機器人、物聯網（Arduino / Raspberry Pi）等領域已出版
多本書籍，例如：《Android 手機程式超簡單！ App Inventor 入門卷 [增訂版]》與
《LabVIEW for Arduino，控制與應用的完美結合》。

徐豐智

現為：CAVEDU 教育團隊 編號 no.2 雜工、講師。
學歷：淡江大學機器人研究所碩士。
專長：物聯網系統設計、Raspberry Pi、Linux 系統軟硬體整合、Arduino 軟硬體
整合、App 手機程式開發設計、Scratch 程式設計、樂高機器人設計。

李俊德

現為：Ted 好玩自學工坊創辦人、CAVEDU 教育團隊講師。
學歷：國立清華大學資訊工程所博士班。
專長：物聯網、運算思維、程式設計、機器人

袁佑緣

現為：CAVEDU 教育團隊講師。
學歷：國立臺灣大學機械工程學系。
專長：Linux、嵌入式裝置、雲服務、樂高機器人

目　錄

目　錄

目　錄

CHAPTER 01

認識 LattePanda

各位讀者大家好，單板電腦領域向來是以 Raspberry Pi 搭配 Linux 作業系統為主。但從 2016 年開始，市場上也漸漸出現可執行 Windows 作業系統的單板電腦，例如本書所要介紹的 DFRobot 的 LattePanda 以及研揚電腦 UpBoard 系列開發板（www.upboad.org）。本書將以 DFRobot 的 LattePanda 來介紹如何以單板電腦的角度來切入互動裝置與物聯網系統，您會發現與簡易的 Arduino 系列微控制器相比，讓 LattePanda 上的各種開發環境去結合本身的 Arduino 晶片，這樣結合之後能做到的事情更豐富更多元。一起來學習吧！

1-1 什麼是 LattePanda ？

LattePanda 是一臺整合了 Arduino MCU 晶片，且可執行完整版 Windows 10 或 Ubuntu 作業系統的迷你電腦。它可直接整合各種 Windows 作業系統隨插即用的周邊，例如：印表機、搖桿、隨身碟與網路攝影機…等，您的 Windows 電腦能抓到的裝置，LattePanda 都可以順利偵測。由於 LattePanda 已經預先安裝好了完整版的 Windows 10 作業系統，您可想見的開發環境例如 Visual Studio、NodeJS、Java 都能安裝了。只要運用現有的 API 就能開發各種軟硬體專案，和笨重的筆電說再見吧！

LattePanda 可不只是一臺低價 Windows 電腦這麼簡單，它還有一片 Arduino 晶片（ATmega32U4），代表它也可以透過板子上的腳位連接各種電子元件，就和一般的 Arduino 開發板一樣，不論您是 Windows 應用開發員、IoT 機器人玩家、互動應用設計師、或是滿腦子怪想法的 Maker 等，LattePanda 都能助您一臂之力。本書將以多個專題介紹如何讓 LattePanda 控制各種電子周邊，並藉由強大的聯網功能與各種雲服務溝通，打造出各式各樣有趣的專題，現在就開始吧！

圖 1-1 LattePanda 正面圖

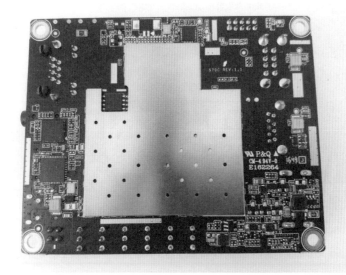

圖 1-2 LattePanda 背面圖

決戰！拿鐵熊貓 VS 物聯網 超入門

1-2　LattePanda 的硬體規格介紹

　　本段介紹 LattePanda 的硬體規格，簡而言之，作為小型電腦主機來說，效能相當夠用，USB 以及 Micro SD 卡插槽也讓您無須擔心儲存空間的問題。

　　硬體規格：

處理器	Intel Cherry Trail Z8350 Quad Core 1.8GHz
作業系統	預先安裝好的 Windows10 完整版，販售分成包含與不包含序號等規格，請務必取得正版授權序號才開始使用
RAM	2GB ／ 4GB DDR3L
儲存容量	32GB ／ 64 GB
USB	USB 3.0 ＊ 1 ／ USB 2.0 ＊ 2
網路	Wi-Fi（無線網路）／實體乙太網路接頻
藍牙	Bluetooth 4.0（藍牙 4.0）
Arduino 晶片	ATmega32U4
GPIO	2 GPIO – Intel chip ／ 20 GPIO – Arduino
電力相關	5V ／ 2A，低於 2A 可能無法正常開機
尺寸	8.8 公分 x 7 公分
重量	100g

1-3　LattePanda 可用的周邊與套件包感測器

　　LattePanda 既然是以微型電腦自居，一般電腦上的接頭當然都具備了。在此分成電腦常用周邊、DFRobot 專用 Gravity 接頭以及 Arduino 腳位三方面來介紹。請參考下圖 LattePanda 的腳位示意圖：

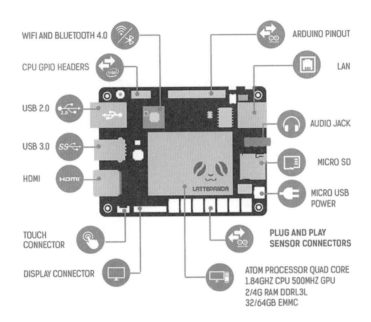

圖 1-3 LattePanda 腳位示意圖 *
（本書標有 * 的圖片，皆源自 www.lattepanda.com）

電腦常用周邊

　　LattePanda 既然是一臺 Windows 單板電腦，那麼著眼點就在於絕大多數的 USB 介面裝置都可直接使用，另一方面以 Raspberry Pi 為首的 Linux 單板電腦，其規格與配置已成為相容開發板的標準規格，因此 LattePanda 也具備了 Raspberry Pi 上常見的專用接頭，例如：

◎ HDMI：用以連接支援 HDMI 的顯示器，如果您的顯示器只支援 VGA，也可以購買 HDMI ／ VGA 轉接線來使用。

◎ USB 2.0 ／ 3.0：這不用多說了吧。鍵盤、滑鼠、隨身碟、印表機、網路攝影機與外接硬碟都接在這邊。如果您覺得 USB 接頭數量不夠的話，請採用可外部供電的 USB 集線器，如此才可確保 LattePanda 能正常運作。

◎ 乙太網路：校園、家用等無須移動的情境，可以讓 LattePanda 透過網路線來上網。LattePanda 的 Windows 作業系統支援 DHCP 功能，可以自動取得 IP 連上網路。

◎ 音源接頭：可在此接上喇叭、耳機與麥克風。

◎ Micro SD：LattePanda 的作業系統已預載於本身的儲存空間，但您可以用 Micro SD 記憶卡來擴充裝置的容量。

◎ 顯示器連接埠：LattePanda 專用的 7 吋螢幕可接在板子上的顯示器匯流排接頭，並可搭配觸碰模組變成觸碰螢幕。經實測，Raspberry Pi 的 7 吋觸碰螢幕接在 LattePanda 上可正常使用。

DFRobot 專用 Gravity 接頭

為了方便使用者開發各種互動專案，LattePanda 上有六個特殊的周邊接頭，稱為 Gravity。其實就是將 3 腳或 4 腳的元件整合成同一個接頭，方便使用者直接將這些元件接上開發板，不需使用麵包板。這樣的好處是可以省去接線亂糟糟的麻煩，另一方面線路減少也方便除錯。Seeed Studio 也有類似的防呆接頭，稱為 Grove。請注意 LattePanda 上的 Gravity 接頭是對應到 Arduino 的 D9 ～ D11 與 A0 ～ A2 共 6 隻腳位，如果您需要用到其他 Arduino 腳位的話，就需要使用合適的跳線搭配麵包板來接線。

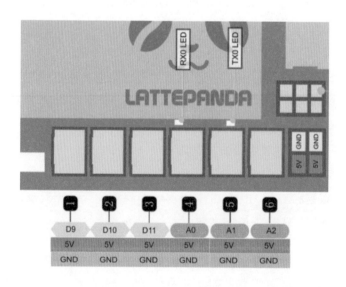

圖 1-4 LattePanda 的 Gravity 專用接頭示意圖 ＊

LattePanda 套件包感測器

DFRobot 為 LattePanda 準備了專用的套件包，您可以直接購買這組套件，常用的入門電子元件都包含在裡面了，或者也可以自行上網購賣喜歡的零件。您會發現這些元件在本書專題中各有巧妙的運用，一定要做做看喔！以下列出套件包裡的所有感測器。

表 1-1 Latte Panda 套件包感測器列表

PIR（Motion）感測器 x1	類比式氣體感測器（MQ2）x1
類比式火焰感測器 x1	DHT22 溫溼度感測器 x1
類比式環境光感測器 x1	碰撞感測器（左側）x1
碰撞感測器（右側）x1	數位式按鈕（白）x1
數位式按鈕（藍）x1	類比式轉動感測器 V2 x1
數位式藍光 LED 模組 x1	數位式紅光 LED 模組 x1
數位式白光 LED 模組 x1	繼電器模組 V3.1 x1
Gravity 感測器接線 x14	

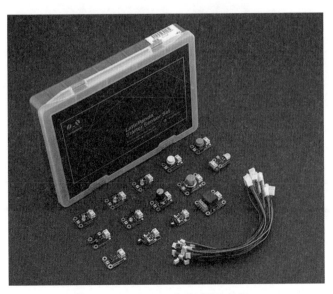

圖 1-5　LattePanda 之感測器套件包＊

Arduino 腳位

　　有時候專用接頭不夠用，或是我們希望用麵包板來開發專題，這時就需要把元件直接或間接接到 LattePanda 上的 Arduino 腳位才行。我們會在第二與第三章介紹如何透過 LattePanda 上的 Arduino 控制各種電子元件。

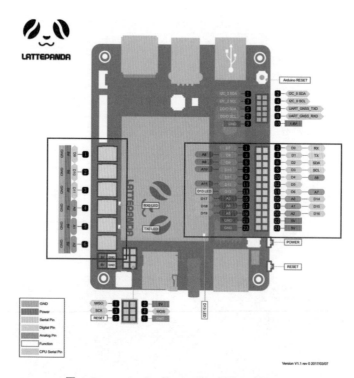

圖 1-6　LattePanda 的 Arduino 腳位示意圖＊

其他周邊

　　其他周邊包含了支援 Display port 的螢幕、無線鍵盤滑鼠組與電源供應器、散熱風扇與散熱片等。請參考 http://www.lattepanda.com/products/。後續章節會介紹如何取得 LattePanda 外殼的 3D 列印檔案連結。

1-4 開機

請將 LattePanda 接上電源之後，按著 POWER 按鍵約 1 秒鐘即可開機。開機之後就會看到熟悉的 Windows 10 桌面。系統預設不需要帳號密碼即可登入，當然您也可以新增帳號與密碼來提高安全性。

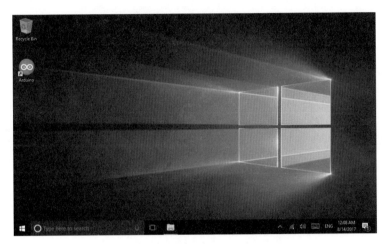

圖 1-7　LattePanda 開機後進入 Windows 10 作業系統

您也可從系統→內容檢視這臺 LattePanda 的軟硬體規格，還可以看到可愛的小熊貓圖示喔！

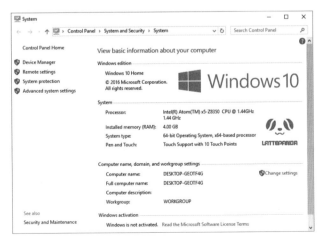

圖 1-8　LattePanda 的系統規格頁面

1-5 總結

　　本章介紹了 LattePanda 這片有趣的 Windows 單板電腦，該有的都有喔！
效能也不錯。下一章開始將會介紹 LattePanda 常用的周邊裝置以及如何透過
熱門的 Arduino IDE 來控制它。這應該是許多人對於硬體控制的起跑點，一起
加油囉！

CHAPTER 02

LattePanda 的常見應用

2-1 LattePanda 應該用在哪裡好呢？

　　大家心中會有一個疑問，我已經有了桌上型電腦、筆記型電腦，那麼 LattePanda 跟我的日常生活有什麼關係呢？先換個角度想，我們常常在 YouTube 影音平臺上看到許多的 Arduino 專題影片。Arduino 相當的方便，用簡單的程式碼就可以控制許多電子零件、感測器，甚至非理工背景的人可以使用直覺的圖形化程式（例如 Scratch）搭配 Arduino 來製作專題。當專題需要搭配 Windows 電腦，往往覺得無法做成一體成型的作品，使用桌上型電腦像是做實驗，使用筆記型電腦也覺得不太好搭配。這時，LattePanda 的優勢就在於它的體積，僅有 88*70mm，和您的手掌差不多大。

3D 列印應用

　　玩家可以透過 3D 列印、雷射切割等數位製造技術幫 LattePanda 設計一個好看的外殼，讓專題整體看起來更一致。下圖是 Gabriel Huang 設計的 3D 列印立架，大家可以透過 Thingiverse 網站（http://www.thingiverse.com/thing:1765232）下載 3D 列印用的 stl 檔案。

圖 2-1 LattePanda 正面外殼　　　　圖 2-2 LattePanda 背面外殼

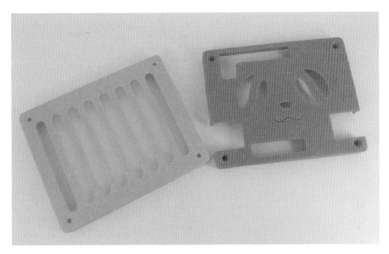

圖 2-3　LattePanda 的 3D 列印外殼

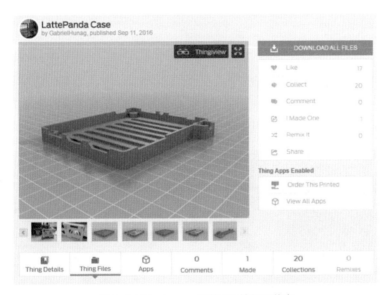

圖 2-4　Thingiverse 網站 3D 外殼下載處

　　接著是 CAVEDU 講師將過去淘汰不用的舊式 1/ 吋螢幕再次利用，使用雷射切割機製作一個壓克力外殼，將 LattePanda 固定在電腦螢幕背後，與電腦螢幕一體成形，可以再次作為一般電腦使用。我們也把檔案放在 Thingiverse 網站上，請由此下載：https://www.thingiverse.com/thing:2219387。

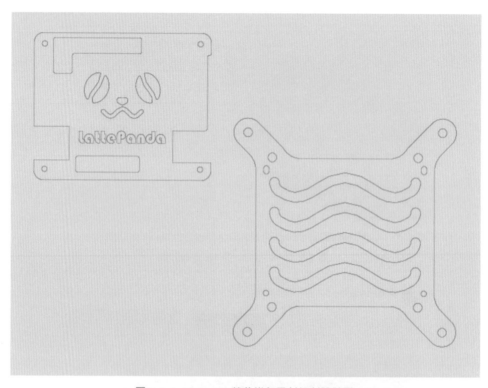

圖 2-5 LattePanda 螢幕掛架雷射切割設計圖

圖 2-6 LattePanda 螢幕掛架

專題應用

在臺灣的淡江大學 CILAB 實驗室，設計者朱永龍使用 LattePanda 製作一個指環式的中文辨識器，來協助視障朋友的日常行動與閱讀書寫。視覺障礙分為全盲及弱視兩類，在閱讀上，弱視者需要依靠外部輔具（如：矯正用眼鏡）才能閱讀書籍上的文字，而全盲者則完全依靠觸摸的點字做閱讀，大部分的書籍都沒有盲人用的點字版本，對於視障者非常的不方便。

另外，外籍人士學習中文也非常困難，中文約有 4 萬 5 千多個字體，常用的中文字也有 4808 個。中文字本身無法靠字形讀出發音，必須藉由注音符號或拼音才可知道字本身的讀音。朱永龍在設計上以攜帶方便及簡易操作為目的，將閱讀器套在食指上並指向書籍，閱讀器透過震動提示引導視障者閱讀書中文字，經過攝影機逐一朗讀出書上的文字內容。外籍人士學習中文字時，辨識器也可以逐一朗讀出手指目前所指到的文字。

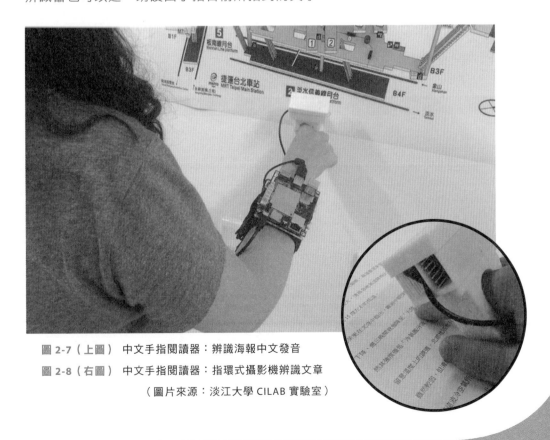

圖 2-7（上圖）　中文手指閱讀器：辨識海報中文發音
圖 2-8（右圖）　中文手指閱讀器：指環式攝影機辨識文章
　　　　　　　　（圖片來源：淡江大學 CILAB 實驗室）

2-2 LattePanda 實測後可以使用的軟體列表

本段列出本書作者群於 LattePanda 上實際測試的軟體執行流暢度，供您參考。
當然，與網路有關的軟體或網站，其執行效能會受到當時的網路品質所影響。（★
愈多，流暢度愈高）

常用軟體與網站

表 2-1 常用軟體與網站

	測試軟體名稱	流暢度	備註
01	Google Chrome	★★★★★	網頁瀏覽器
02	FACEBOOK	★★★★★	社群網站
03	LINE APP	★★★★★	即時通訊軟體
04	Microsoft Word	★★★★★	微軟文件軟體
05	Microsoft Excel	★★★★★	微軟試算表軟體
06	Microsoft PowerPoint	★★★★★	微軟簡報軟體

程式開發環境

表 2-2 程式開發環境

	測試軟體名稱	流暢度	備註
01	App Inventor	★★★★★	由 MIT 開發之圖形化 Android App 開發平臺
02	Scratch2 web	★★★★★	圖形程式開發平臺
03	Scratch offline	★★★★★	圖形程式開發平臺
04	LEGO EV3	★★★★★	樂高機器人程式軟體
05	Arduino IDE	★★★★★	硬體程式開發平臺
06	Microsoft Visual Studio	★★★	微軟程式開發軟體

設計軟體

表 2-3 設計軟體

	測試軟體名稱	流暢度	備註
01	Autodesk 123circuit	★★★★★	電路設計軟體
02	Fritzing(電路設計)	★★★	電路設計軟體
03	DesignSpark PCB	★★★	電路設計軟體
04	DesignSpark Mechanical	★★★★★	3D 繪圖設計軟體
05	AutoDesk 123D Design	★★★★★	3D 繪圖設計軟體

2-3 LattePanda 使用遠端連線服務

在某些狀況下，我們會希望把 LattePanda 放在某個不起眼的位置，然後透過遠端連線來監控其狀況。這時候就不需要在 LattePanda 上多接一個螢幕了。但在此之前您得先讓它連上網路才行，如果是有線網路的話，Windows 的 DHCP 功能可以自動取得 IP，或是連上 Wi-Fi（應該都需要密碼）也可以。

幸好 LattePanda 本身的作業系統可以記得它所連接過的網路，因此相關網路設定只要設定一次就可以了。您可以在 Windows 的命令提示字元中輸入 ipconfig 指令來檢視 LattePanda 目前的網路 IP 位址，如下圖中的 192.168.0.108。

後續操作都假設您所要連線的裝置與 LattePanda 位於同一個網段之下，且已知道 LattePanda 的 IP 位址。

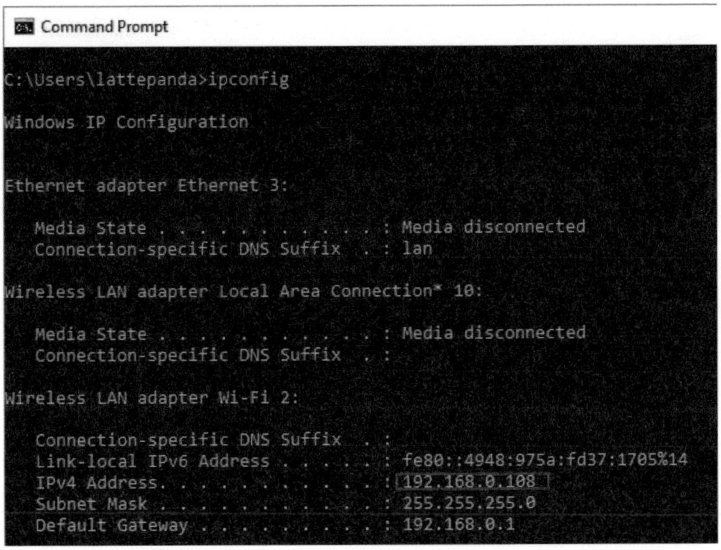

圖 2-9 使用輸入 ipconfig 指令來檢視 LattePanda 目前的網路 IP 位址

接著要介紹 Windows 系統中常用的遠端連線方式，分別有 Windows 遠端桌面、TightVNC 與 Google Chrome 遠端桌面等三種。您可以選擇自己慣用的，或用其他的遠端桌面軟體來試試看。

Windows 遠端桌面

請由另一臺 Windows 電腦中的所有程式→附屬應用程式中找到「遠端桌面連線」，或直接搜尋也能找到。啟動之後輸入 LattePanda 的 IP 位址即可連線。

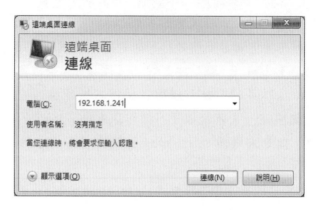

圖 2-10 Windows 遠端桌面

TightVNC

Tight VNC（www.tightvnc.com）是一款老牌的遠端控制與遠端桌面軟體，可以分享螢幕畫面，也可以將鍵盤輸入的字母與滑鼠移動資訊遠端傳送來控制另一臺電腦。請由 TightVNC 網站下載 TightVNC Server 安裝檔之後依序安裝完成即可，過程中會詢問您是否需要建立登入與管理者的帳號密碼，請自行建立即可。

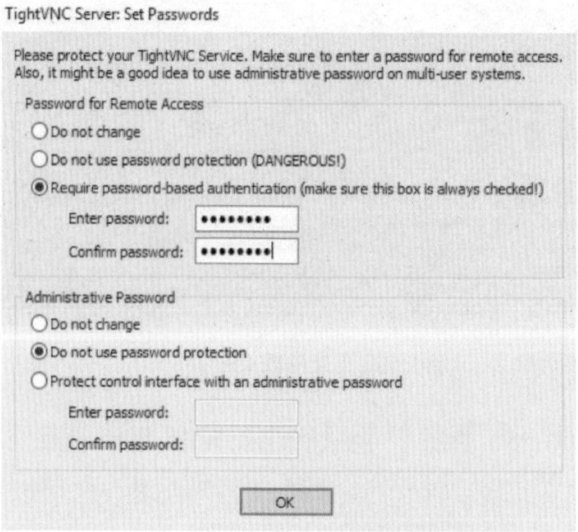

圖 2-11 建立 TightVNC 登入與管理者的帳號密碼

　　完成之後可於系統狀態列看到 TightVNC Server 已啟動，點擊圖示即可進入
設定畫面來調整各樣設定值。設定完成即可由另一臺電腦來連入。

圖 2-12 TightVNC Server 已啟動

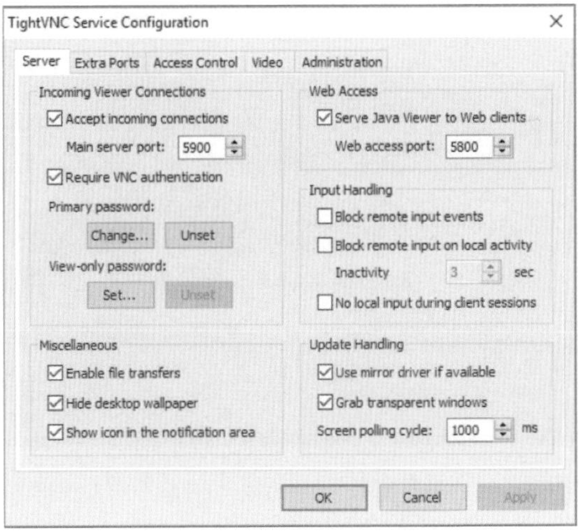

圖 2-13 TightVNC 設定畫面

透過 TightVNC 連線至 LattePanda

　　現在請由另一臺電腦開啟 TightVNC Viewer 小程式，輸入您的 LattePanda
IP 與預設埠號，例如下圖中的 192.168.0.108:5900、點選 Connect 按鈕，最
後輸入您在 LattePanda 端設定的連線密碼就可以了。

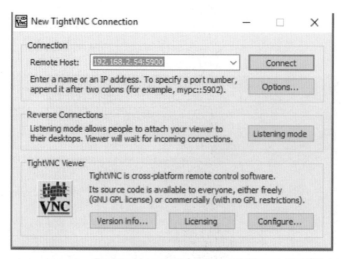

圖 2-14 TightVNC Viewer 主畫面

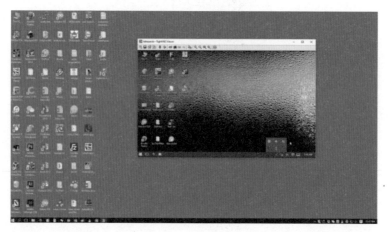

圖 2-15 順利於另一臺電腦之 TightVNC Viewer 取得 LattePanda 畫面

Google Chrome 遠端桌面

如果您使用的是不同作業系統的話，可以透過 Google Chrome 遠端桌面程式來遠端控制它。Google Chrome 遠端桌面是藉由兩端都登入相同的 Google 帳號之後，即可共享桌面，這時候即便不知道對方的 IP 也能順利控制。請按照以下步驟操作：

Step1 ·	開啟 Google Chrome 瀏覽器，輸入網址進入 Chrome 線上應用程式商店：https://chrome.google.com/。

Step2 ·	由左上角的搜尋列搜尋「chrome remote desktop」，找到「Chrome 遠端桌面」之後點選「+ 加到 Chrome」，最後點選「啟動應用程式」。

圖 2-16 於 Chrome 線上應用程式商店找到「Chrome 遠端桌面」

圖 2-17 啟用 Chrome 遠端桌面

Step3· 請點選 Chrome 瀏覽器右上角的「…」找到「更多工具」並點選「擴充功能」，或直接由網址列輸入：chrome:// extensions/。接著找到 Chrome 遠端桌面後啟用它。

圖 2-18 進入 Chrome 擴充功能頁面

圖 2-19 於 Chrome 擴充功能頁面中確認 Chrome 遠端桌面已啟用

圖 2-20 Chrome 遠端桌面主畫面

Step4· 請先點選「存取」（圖 2-20）來設定一組存取碼，後續要連入的裝置要輸入這組存取碼才能順利連線。

請您要存取的電腦的使用者點選 [分享]，並提供存取碼給您。

存取碼 |

連線　取消

圖 2-21 建立存取碼

Step5． 由於我們是要遠端登入 LattePanda，因此請先在您的 LattePanda 上啟動 Chrome 遠端桌面軟體之後，還要額外點選畫面下方的「啟動遠端連線」
選項來下載「Chrome 遠端桌面主機安裝程式」才能讓外部裝置連入。

遠端協助

讓兩端的使用者都能看到同一個螢幕畫面，是遠端技術支援作業的利器。

開始使用

我的電腦 C

Appletek-iMac.local (上次上線時間：2013/10/1)

CHI-HUNGde-iMac.local (上次上線時間：下午10:02:45)

DESKTOP-GEOTF4G (上次上線時間：2017/7/5)

DESKTOP-GEOTF4G (上次上線時間：2017/4/20)

DESKTOP-GEOTF4G (上次上線時間：2017/7/5)

DESKTOP-GEOTF4G (上次上線時間：2017/4/20)

您必須啟用遠端連線，才能連線 Chrome 遠端桌面存取這台電腦。 啟用遠端連線

圖 2-22 被連線端（LattePanda）需另外安裝 Chrome 遠端桌面主機安裝程式

下載 Chrome 遠端桌面主機安裝程式

適用於 Windows 7 以上版本

下載 Chrome 遠端桌面主機安裝程式即表示您同意 Google 的《服務條款》。

接受並安裝　取消

圖 2-23 同意安裝 Chrome 遠端桌面主機安裝程式

Step6·	請啟動另一臺電腦上的 Chrome 遠端桌面軟體，這時候會列出可供連線的電腦，點選後輸入您剛剛設定的密碼就可以連線操作了，使用愉快囉！

圖 2-24 順利使用 Chrome 遠端桌面登入 LattePanda

　　如果您要由手機端來登入的話，請在 Google play 或 App store 搜尋「Chrome 遠端桌面」後安裝即可。

2-4　總結

　　本章介紹了 LattePanda 各種有趣的用途，以及經本書作者群所測試各種常用軟體／網站的操作感想。您如果只是把它當成一臺小型電腦的話就太可惜了，作為中低價位的聯網裝置，您也可以在取得它的 IP 位址之後，透過遠端桌面來登入它。

CHAPTER 03

Arduino 與感測器

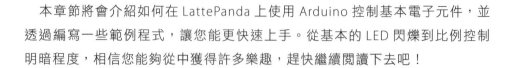

本章節將會介紹如何在 LattePanda 上使用 Arduino 控制基本電子元件，並透過編寫一些範例程式，讓您能更快速上手。從基本的 LED 閃爍到比例控制明暗程度，相信您能夠從中獲得許多樂趣，趕快繼續閱讀下去吧！

本章所需元件清單：
* DFRobot 數位 LED 模組（或一般 LED）
* DFRobot 類比轉動感測器模組（或一般可變電阻）

3-1 Arduino 的基本介紹

Arduino 是一個源自於義大利，基於開放原始碼精神的單晶片微控制器開發平臺。有別於過去培育理工人才或是給電子研發人員使用的專業開發板或晶片組，Arduino 專為創作者而生，使用者不須具備程式設計或是電子學等基礎，就可以輕鬆上手。（引自本團隊著作─《Arduino 從入門到雲端》）

圖 3-1 Arduino UNO 與 Genuino UNO

Arduino 的精神在於：只要有心，任何人都能用 Arduino 做出相當不錯的專題；甚至在幾個小時內就可以做出自己的機器人或是物聯網裝置。

　　Arduino 在創用 CC（Creative Commons）許可的原則之下，任何人都可以到 Arduino 網站下載電路圖等相關資料來製作 Arduino 的相容板，還能自行加入更多功能。在不侵犯商標權的情況下，您不需要為了使用 Arduino 的原有技術基礎而付費，也不須取得 Arduino 團隊的許可。然而，為了確保 Arduino 的開放精神，這個產品也要使用相同或類似的創用 CC 授權。例如在市面上看到 XXDUINO 等類似名稱的產品，這些都是以 Arduino 為基礎加上各家的技術與創意推出的產品。例如來自中國的 Seeeduino、DFRduino、臺灣的 Motoduino 與 Webduino 等等。Motoduino 從字面上來看就可以猜出與馬達相關，這塊板子是結合馬達控制驅動晶片 L293D，可以直接驅動兩顆直流馬達（電流最大到 1.2A）的轉向，以及利用 PWM 訊號控制馬達轉速。Motoduino 板子上已預留直流馬達接線孔位和藍牙模組接腳，不用額外使用麵包板。如果您想要做一臺藍牙遙控機器人，這是一個非常方便的選擇。

圖 3-2 Motoduino U1

　　或是也有其它廠商使用不同的晶片，但依舊讓所生產的開發板可以在 Arduino 程式環境中來開發，如臺灣的 86Duino 就是使用自家生產的 x86 處理器。Intel 與 Arduino.cc 合作推出的 Arduino 101 則是使用 Intel 的 Curie 處理器，並於板子上內建了 BLE 藍牙通訊晶片、加速度儀與陀螺儀感測器。

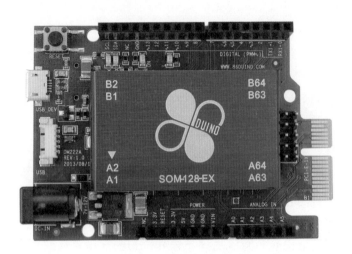

圖 3-3 86Duino Zero 開發板

圖 3-4 Arduino 101 開發板

　　另外，除了 Arduino 原廠提供的程式環境之外，還有許多程式開發工具都可用於控制 Arduino，例如 Flash、Processing 等，也有網頁版的開發工具可以選用，甚至小朋友常用的 Scratch 也可以與 Arduino 進行互動。

筆者認為 Arduino 的優點是軟硬體資源豐富，且 Arduino 的玩家大多都樂於分享，這也呼應了 Arduino 的精神。您可以在網路上或是相關論壇找到各種函式庫、原始碼，甚至電路圖。站在巨人們的肩膀上，從別人的好點子出發，不一定每件事情都重新開始，這對初學者是相當友善的。當然，不要忘記回饋給原作者與更多朋友喔！

3-2 LattePanda 腳位說明

在 LattePanda 上，有著許多不同功能的腳位，這些腳位能幫助我們更有效率地使用 LattePanda，現在讓我們來認識這些腳位吧！請對照圖 3-5，U1 區的腳位是連於 X-Z8300 處理器，本書不會使用到。U2 區的腳位則是連於 ATmega32U4 單晶片，其中共有 20 支可作為輸出或輸入的腳位（A0 - A5、D0 - D13），工作電壓皆為 5 伏特。每隻腳位可以輸出或接收的電流為 40 mA，並各自有內建的 20 ～ 50k 歐姆的上拉電阻（預設為斷開）。注意：這些腳位上的電流不可超過 40mA，否則可能會造成 ATmega32U4 毀損。

某些腳位有特殊功用，請看以下說明：

* **類比輸入**：A0 - A5，A6 - A11（即 D4、D6、D8、D9、D10 與 D12）。 LattePanda 共有 12 支類比輸入腳位，標示為 A0 到 A11，也可作為數位 I/O 腳位使用。每隻腳位的資料範圍都是 0 ～ 1023，一般來說即代表 5 伏特之間的電壓變化。

* **序列傳輸**：D0（RX）與 D1（TX），分別用於接收（RX）與發送（TX） TTL 序列資料。

* **外部中斷**：D3（interrupt 0）、D2（interrupt 1）、D0（interrupt 2）、 D1（interrupt 3）與 D7（interrupt 4）。這些腳位可設定在低電位時觸發中斷，包括上升、下降與數值變化。

* **PWM**：D3、D5、D6、D9、D10 與 D13 支援 PWM 輸出，數值範圍為 0 ～ 255。

* **SPI**：D16（MOSI）、D14（MISO）與 D15（SCK）。

* **LED**：與一般 Arduino 一樣，LattePanda 也把其 Arduino 的 D13 腳位連到一個板載的 LED，您可藉由此 LED 燈來檢查基本連線是否正常。

* **TWI**：D2（SDA）、D3（SCL）。

* **Reset**：將這腳位設為低電位就可以重新啟動 Arduino 微控制器。一般來說都會在這腳位上接一個重置按鈕，LattePanda 也是這樣做的。

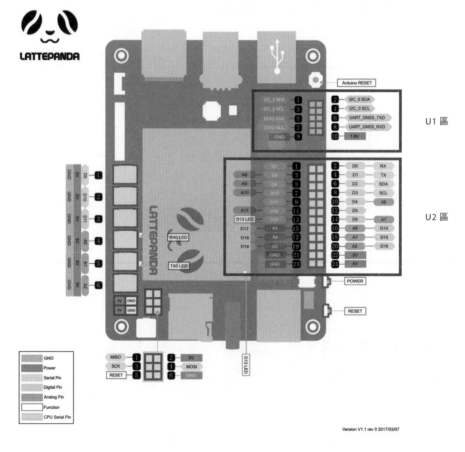

圖 3-5 LattePanda U1 與 U2 區腳位 *

3-3 LattePanda 基本電子元件教學

LattePanda 上的 Arduino

LattePanda 已經預先裝好了 Arduino IDE 1.0.5 版，已足以開發基礎的 Arduino 專題。當然您也可以從 Arduino 網站（https://www.arduino.cc/en/Main/Software）下載最新的 IDE 來使用。

請點擊 LattePanda 桌面的 Arduino 捷徑來啟動 Arduino IDE，開啟後之主選單如下圖：

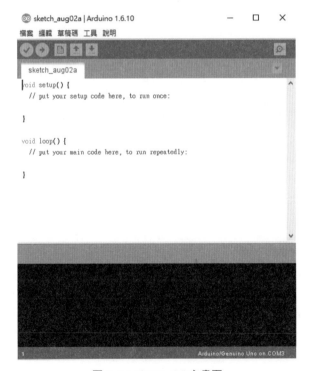

圖 3-6 Arduino IDE 主畫面

在 Arduino IDE 主畫面的上方您會看到如下圖的重要選單與按鈕，以下一一介紹：

圖 3-7 Arduino IDE 選單與常用按鈕

＊**檔案（File）選單**：新增、開啟既有檔案與範例程式。

＊**編輯（Edit）選單**：複製、剪下、貼上等文字編輯功能。

＊**草稿碼（Sketch）選單**：執行、停止、匯入函式庫等。

＊**工具（Tools）選單**：設定開發板類型與序列埠號、Serial Monitor 等功能。

＊**協助（Help）選單**：新手教學與說明文件等。

主畫面按鈕由左至右依序介紹如下：

1. Verify：驗證現在視窗的程式，如有錯誤會顯示於 IDE 下的主控臺。

2. Upload：將現在的程式上傳至開發板，需在 Tools 選單中設定正確的開發板類型與序列埠號才能正確上傳。

3. New：新增空白程式。

4. Open：開啟現有程式。

5. Save：存檔

6. Serial Monitor：板子連接於電腦並指定正確的序列埠號之後，即可開啟 Serial Monitor 視窗來檢視開發板狀態或發送資料給開發板。

Arduino 第一個範例程式 - 輸出腳位控制

接下來的範例將使用常用的電子元件來進行簡易的輸入輸出控制，如果您有 LattePanda 的套件包，也可以直接使用，我們會列出對應的元件。

＜ EX3-1 ＞ LED Blink

本範例程式是讓 LattePanda 的 Arduino LED 亮一秒後接著暗一秒，屬於數位腳位的輸出控制範例。輸出腳位設定在 13 號腳位。絕大多數的 Arduino 板子都會有一個 LED 燈（一般來說也是連到 13 號腳位）換句話說，您可以不必再另外加裝 LED 燈就可以看到效果，真的是非常方便啊！

1·使用一般電子元件

將 5mm LED，正極（較長腳）搭配麵包板接到 LattePanda 上的 D13 腳位，負極（較短腳）則接到 GND 腳位，完成後如下示意圖。

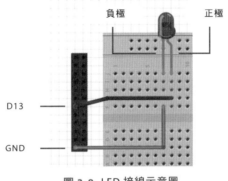

圖 3-8 LED 接線示意圖

2·使用 LattePanda 套件包感測器

請拿出數位 LED 模組（共有藍色、紅色與白色），直接接到 LattePanda 的 Gravity 的 D9 腳位。請注意，您需要將以下程式中的 13 （#2、6、8 行）改為您所接的腳位，例如 D9 就要改為 9，如 pinMode(9, OUTPUT)；與 digitalWrite(9, HIGH)；

圖 3-9 ＜ EX3-1 ＞使用 LattePanda 套件包中的 LED 模組

< EX3-1 > LED Blink 程式

```
01    void setup() {
02      pinMode(13, OUTPUT);
03    }
04    void loop() {
05      digitalWrite(13, HIGH);    // 點亮 LED，HIGH 代表高電位
06      delay(1000);               // 等候 1 秒
07      digitalWrite(13, LOW);     // 點亮 LED，LOW 代表低電位
08      delay(1000);
09    }
```

Arduino 第二個範例程式 -Serial Monitor 與類比輸入

看過數位輸出的範例之後，接著要看看類比輸入的效果。本範例將告訴您如何量測 Arduino 類比腳位的電壓，藉此得知接在其上的元件狀態變化。並且還要把我們要的資訊顯示於 Serial Monitor 小視窗上，這對於檢視資訊與除錯非常有用。

多數的 Arduino 開發板都是把腳位上的 0～5V 分成 1024 格，LattePanda 的 Arduino 也不例外。事實上，其他種類的類比式輸入元件如光敏電阻、彎曲度電阻等，也都是藉由接到 Arduino 的類比輸入腳位來量測數值變化。您可以自由改用其他的類比元件來玩玩看。

< EX3-2 >讀取類比腳位

1‧使用一般電子元件

請用一般的 10k 歐姆可變電阻，中央腳位接到 A0 腳位，可變電阻另外兩隻腳位請分別接到 Arduino 的 5V 與 GND 腳位，如果左右調換的話，差別在於當您順時針轉動可變電阻旋鈕時，由 Serial Monitor 看到的數值是累加或累減。完成如下圖：

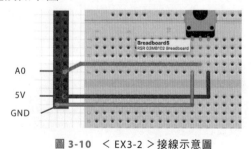

圖 3-10 < EX3-2 >接線示意圖

2・使用 LattePanda 套件包

請拿出 LattePanda 套件包中的類比轉動感測器（其實就是可變電阻）接到 LattePanda 的 Gravity A0 埠（由上數下來第四個）。完成如下圖：

圖 3-11 ＜ EX3-2 ＞使用 LattePanda 套件包中的類比轉動感測器

＜ EX3-2 ＞ Analog Read Serial 程式

```
01    void setup() {
02      Serial.begin(9600);
03    }
04    void loop() {
05      int sensorValue = analogRead(A0); // 讀取 A0 類比腳位狀態
06      Serial.print("the A0 data is: ");
07      Serial.println(sensorValue);  // 顯示於 Serial monitor
08      delay(100);          // 每秒更新 10 次
09    }
```

以上程式中先開啟了一個序列連線（#2），連線速率（又稱鮑率，baudrate）為 9600。由於 Arduino 本來就只支援類比輸入功能，因此無需使用先前範例中的 pinMode() 指令。

進到 loop() 之後，首先使用 analogRead() 指令來讀取類比腳位狀態（#5），多數的 Arduino 類比腳位的資料範圍都是分成 0 ～ 1023。接著將資料搭配我們所指定的字串顯示於 Serial Monitor（#6、#7），您可以看到 print 與 println 的差別在於後者會自動換行。最後則是使用 delay(100) 指令等候 0.1 秒，也就是每秒更新 10 次。

決戰 ！拿鐵熊貓 VS 物聯網 超入門

CAVEDU 說：Serial Monitor 的用處多多喔 ！

Serial Monitor 除了可以顯示感測器資料之外，後續章節的範例中，您會看到如何使用它來顯示階段性訊息，這樣您就知道當系統有問題的話，可能是在哪邊卡住了。

或者您可以在 Serial Monitor 上方的欄位輸入數字或字元，後續就能用 Serial.Read() 指令來接收這些資料。

執行時，請開啟 Arduino IDE 的 Serial Monitor 並慢慢轉動可變電阻，您應該可以看到如下的畫面。

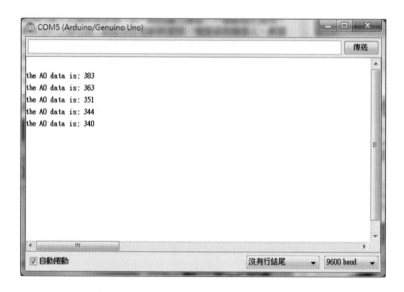

圖 3-12 ＜ EX3-2 ＞之 Serial Monitor 畫面

Arduino 第三個範例程式 - 基本綜合應用

接著要結合上述兩個範例來做出簡易的互動效果，使用 if/else 判斷式來檢查 A0 腳位數值，如果滿足我們所設定的條件就執行對應動作。您可以自行修改這個條件。如果您改用光敏電阻的話，就可以做出簡易的光感應燈具開關，可以在光線不足時自動打開燈光。

這樣一輸入一輸出的架構很常見於各種 Arduino 專題，您日後可以按照這

樣的架構來加入更多輸入輸出元件，當然程式的邏輯也會更複雜，一步步來
囉。

< EX3-3 >綜合應用

請將 LED 的正極接到 D9，負極則接 GND；可變電阻的中央腳位接到 A0 腳
位，另外兩隻腳位請分別接到 Arduino 的 5V 與 GND 腳位。

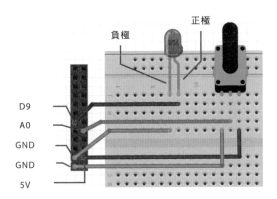

圖 3-13 ＜ EX3-3 ＞可變電阻控制 LED 接線示意圖

< EX3-3 > LED Control 程式

```
01    int sensorValue = 0;            // 用以儲存 A0 腳位數值
02
03    void setup() {
04      Serial.begin(9600);
05      pinMode(9, OUTPUT);
06    }
07
08    void loop() {
09      sensorValue = analogRead(A0);
10    if (sensorValue > 800)   // 條件滿足執行以下內容，您可以自行修改這個條件
11     {
12          digitalWrite(9, HIGH);
13          Serial.println("LIGHT ON");
14     }
15    else{
16          digitalWrite(9, LOW);
17          Serial.println("LIGHT OFF");
18    }
19    delay(50);   // 每秒更新 20 次
20    }
```

　　程式 #10 ～ #18 使用了 if/else 判斷式來檢查 A0 腳位數值是否大於 800，讓接在 D9 的 LED 亮起，反之則熄滅。還會顯示兩種不同的訊息在 Serial Monitor。您可以按照這樣的架構加入更多的判斷式，系統就會更聰明喔！

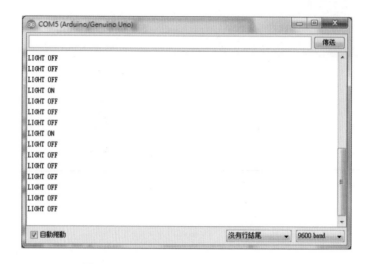

圖 3-14 ＜ EX3-3 ＞之 Serial Monitor 畫面

比例控制

＜ EX3-4 ＞比例控制 LED

　　上一個範例是根據我們所設定的條件來決定是否開關燈，這次則是要讓 LED 燈亮度能等比例跟著可變電阻狀態而變化。也就是說如果可變電阻轉到中間的位置，LED 的亮度也要在一半左右。

＜ EX3-4 ＞ AnalogInOutSerial 程式

```
01    const int analogInPin = A0;    // 電位計所連接之類比腳位編號
02    const int analogOutPin = 9;    //LED 所連接之數位腳位編號（支援 PWM）
03    int sensorValue = 0;           // 儲存 A0 腳位數值
04    int outputValue = 0;           //PWM 參數計算結果
05
06    void setup() {
07      Serial.begin(9600);
08    }
09
10    void loop() {
```

```
11      sensorValue = analogRead(analogInPin);
12      outputValue = map(sensorValue, 0, 1023, 0, 255);
13      analogWrite(analogOutPin, outputValue);
14
15      // 顯示結果於 serial monitor
16      Serial.print("sensor = ");
17      Serial.print(sensorValue);
18      Serial.print("\t output = ");
19      Serial.println(outputValue);
20      delay(2);
21      }
```

程式 #1~#4 宣告了本範例會用到的腳位以及用於儲存腳位數值與計算結果的變數。接著在 setup() 函式中，由於我們希望在 Serial Monitor 中看到相關數值的變化，因此需要透過 Serial.begin() 指令開啟一個對於 USB 埠的序列通訊。

到了 loop() 函式，首先使用 analogRead() 指令（#11）取得 A0 腳位的狀態，接著使用 map() 指令（#12）將該數值範圍從 0~1023 轉換為 0~255，最後再透過 analogWrite() 指令來控制。您應該不難猜到，map() 指令內容實際上就是二元一次方程式，您也可以自行透過數學指令來進行轉換。最後在 #16~#19 將相關數值顯示於 Serial Monitor。您可以修改 delay() 指令的參數（#20）來調整數值更新的速度。執行畫面如下：

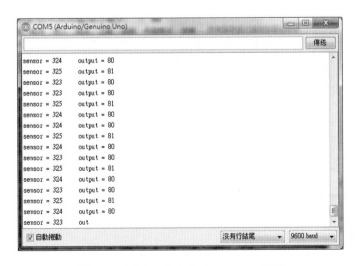

圖 3-15 ＜ EX3-4 ＞之 Serial Monitor 畫面

3-4　總結

　　本章介紹了 LattePanda 上的 Arduino 晶片的使用方式，可以讓您使用板子上的腳位，搭配麵包板接上各種電子元件。LattePanda 的 Windows 10 作業系統已經預先裝好了 Arduino IDE 1.0.5 版，如果您覺得太舊的話，可以自行到 Arduino 官方網站安裝最新的版本。當然您也可透過 USB 傳輸線接上更多其它款式的開發板，但是當您要做一個獨立裝置來設計外殼時，就會發現，有一個內建的 Arduino 晶片與專用接頭是很幸福的事了。

3-5　延伸挑戰

1. 請修改 < EX3-1 >，在 D8 多接一顆 LED。程式執行時兩顆 LED 會每秒輪流亮滅。

2. 請修改 < EX3-3 >，多加入一個 if/else 判斷式，當 A0 腳位狀態低於 300、高於 800 以及介於這段範圍之間時，有三種不同的 LED 動作（自行設計吧）。程式主要架構如下：

```
if(x>800){

}
else if(x<300){

}
else{

}
```

3. 請修改 < EX3-4 >，將可變電阻改為光感測器模組。

CHAPTER 04

使用 Visual Studio 2015

本章將介紹，如何在 LattePanda 上使用 Visual Studio 2015（文後皆以 VS 2015 簡稱之）中的 C# 程式語言建立視窗應用程式，藉此來控制 LattePanda 上內建的 D13 腳位 LED，並讀取串接在 DFRobot 另外販售的 Gravity 感測器 套件包內的火焰感測器模組所量測到的感測值。

本章所需元件清單：

　　＊ DFRobot 火焰感測器模組

4-1 Arduino 與 Visual Studio 環境設定

　　Microsoft VS 2015 是微軟發行的一系列開發工具套件，這一系列的開發 工具套件最大的優點是支援所有微軟發行的軟硬體平臺，其中包括一般人 經常使用的電腦／筆記型電腦作業系統 Microsoft Windows、行動裝置系統 Windows Phone、低規格嵌入式系統 Windows CE、應用軟體以及網路應用開 發平臺 .NET Framework，以及各網路瀏覽器常使用的網際網路應用開發平臺 Silverlight。

　　本節將介紹如何在 LattePanda 上的 Windows 作業系統中安裝與執行 VS 2015，並與板子上的 Arduino 晶片溝通。後續在第六章中會再介紹如何編 寫 VS 2015 應用程式，將 LattePanda 的 Arduino 腳位資料上傳到 Microsoft Azure IoT 雲服務。

Windows 開發環境設定

Step1・ 　　安裝 VS 2015。LattePanda 沒有預先安裝 VS 2015，所以我 們要自行下載後手動安裝到 LattePanda 上，請先進入到 VS 2015 的下載頁面並點擊下載圖示，如圖 4-1。

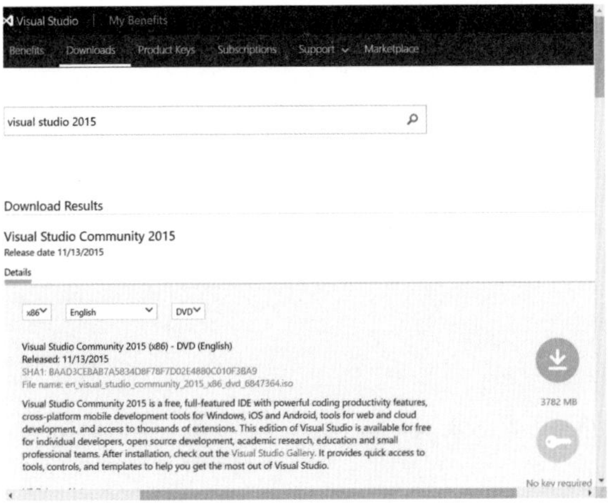

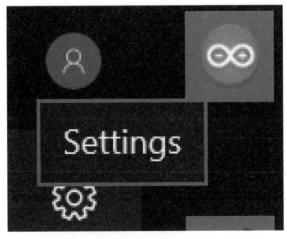

圖 4-1 VS 2015 下載頁面

Step2· 啟用開發人員模式。每個裝置可能都會有額外的開發人員功能，因此只有在裝置上先行啟用開發人員模式時，才可盡情使用這些進階的功能，而且它們還可能依作業系統的版本而有不同。點選桌面左下角的開始按鈕 Settings → Update & security → Developer mode。

Settings

圖 4-2 點選開始功能表的 Settings

圖 4-3 點選 Update & security   圖 4-4 設定 Developer mode

Arduino 開發環境設定

　在 Intel Atom x5-Z8350 的 x86 架構微處理器上使用 VS 2015 的 C# 程式與 Atmel ATmega32U4 晶片溝通時，需要先燒錄 StandardFirmata 範例程式。Firmata 是一個 PC 與微控制器通訊常用的協定。最初是針對 PC 與 Arduino 通訊的韌體，其目的是讓開發者可以透過 PC 端的軟體來控制 Arduino。到目前為止，它已經得到不少 PC 端程式語言（如 Processing、Scratch 與 LabVIEW…等等）的支持。

Step1·　　將火焰感測器模組接至 LattePanda 的類比腳位 A0。

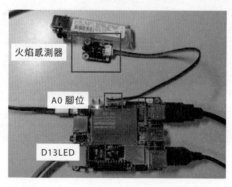

圖 4-5 LattePanda 與火焰感測器模組的接線圖

Step2·	開啟 Arduino IDE，找到 File → Examples → Firmata → Standard Firmata。

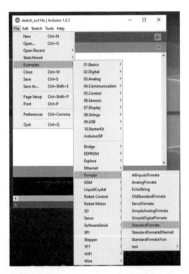

圖 4-6 開啟 Arduino IDE 內建的範例程式 StandardFirmata

Step3·	設定開發板型號：Tools → Board → Arduino Leonardo，如圖 4-7 所示。

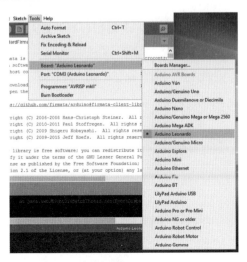

圖 4-7 選擇開發板型號為 Leonardo

Step4· 選擇序列埠 Tools → Port → COM3(Arduino Leonardo)，如圖 4-8 所示。

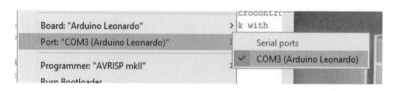

圖 4-8 選擇序列埠

Step5· 燒錄 StandardFirmata 程式：按下左上角工具列的箭頭圖示，直到右下角的燒錄進度指示跑完並於左側出現「Done uploading」字樣，如圖 4-9 所示。

圖 4-9 StandardFirmata 程式燒錄完成畫面

4-2 LattePanda 與 Arduino 的完美結合

接下來我們將使用 VS2015，搭配 Arduino IDE，控制 LattePanda 上的 LED 燈。

Step1· 找到 Start 裡的 New Project…，並新增一個 C# 專案，如圖 4-10 所示。

Step2· 找到 Templates 裡的 Visual C# → Windows：Windows Forms Application → Browse… 選擇專案存放位置 C:\ →在「Name:」後方輸入新專案名稱 WelcomeLP 後點選 OK（圖 4-11）。

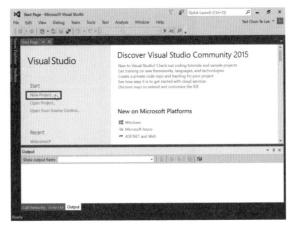

圖 4-10 新增專案

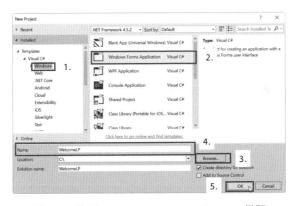

圖 4-11 使用 Windows Forms Application 樣版

Step3． 設計使用者介面。以圖4-13的畫面構圖，從工具箱（toolbox）中找出本專案會用到的各部元件（components），依照表4-1中第一欄的元件名稱命名並參考第二欄逐一設定完各元件的屬性值（properties）。例如：我們將視窗的預設檔名Form1.cs 改為 FormWelcomeLP.cs，然後將其 Text 屬性改為「WelcomeLP」。

圖 4-12 VS 2015 工具箱內提供的各式元件

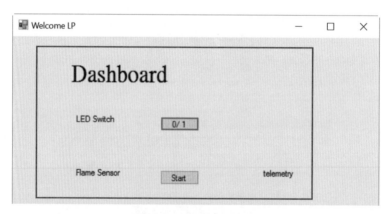

圖 4-13 使用者介面構圖

表4-1 WelcomeLP 專案使用者介面所對應各元件的名稱及其各自的屬性設定

元件名稱	屬性值		
	Text	ColumnCount	RowCount
labelDashboard	Dashboard		
tableLayoutPanelMain		3	2
labelLEDSW	LED Switch		
buttonLEDSW	0/ 1		
labelFlameSensor	Flame Sensor		
buttonStart	Start		
labelFlameTelemetry	telemetry		

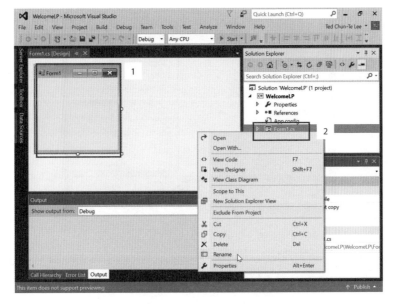

圖 4-14 視窗描述檔 Form1.cs 重新命名

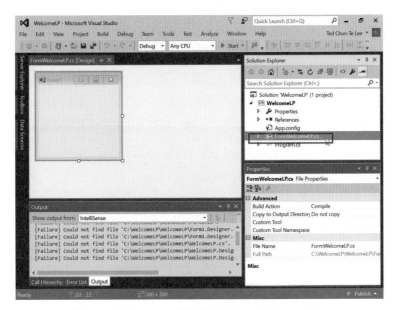

圖 4-15 將 Form1.cs 重新命名為 FormWelcomeLP.cs

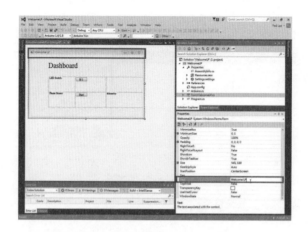

圖 4-16 設定視窗標題文字為「WelcomeLP」

CAVEDU 說：視窗程式設計的 MVC 設計模式（Design Patterns）

Visual Studio 採用圖 4-17 的 MVC 架構來開發視窗應用程式（window applications），其中 M、V、C 三大功能模組分述如下：

M：程式設計師（programmers）撰寫程式應有的功能與實現的演算法（algorithms），如表 4-2 所示。

V：美工人員（graphical designers）進行圖形使用者介面（Graphical User Interface，GUI）設計，如圖 4-13 與圖 4-18 所示。

C：轉發各種請求（requests），並對請求進行處理。例如：遊戲的地圖切換。

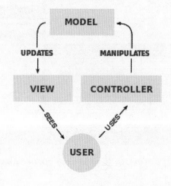

圖 4-17 視窗程式設計的 MVC 架構

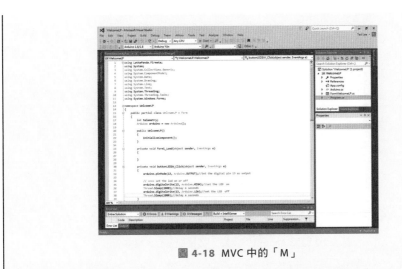

圖 4-18 MVC 中的「M」

Step4. 輸入 EX4-1 程式碼後再加入第三方的類別庫 Arduino.cs。將 Ramin Sangesari 發表的 DHT11 專案內定義了 Arduino 這個物件導向類別的 \DHT\Arduino.cs 程式加入 WelcomeLP 專案裡，如圖 4-19 與圖 4-20。

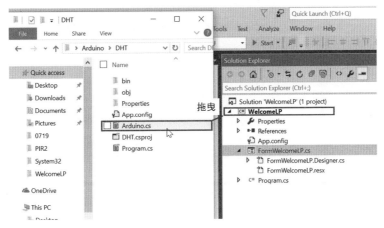

圖 4-19 加入 Arduino.cs 的 Arduino 類別

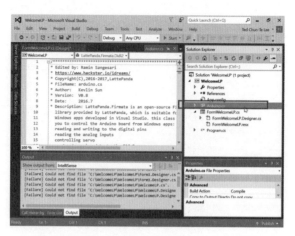

圖 4-20 已將 Arduino.cs 加入 WelcomeLP 專案

Step5． 修改引用 Arduino.cs 類別的程式碼：將滑鼠移至 FormWelcomeLP.cs 第 17 行的紅色波浪 Arduino 上 → 點擊 「Show potential fixes (Ctrl+.)」（ 圖 4-21 ）→ 按「using LattePanda.Firmata;」（圖 4-22）→ VS 2015 會自動在第 1 行補上 Arduino 類別引入 LattePanda.Firmata 的原型宣告（圖 4-23）。完整的程式碼如〈EX4-1〉所示。

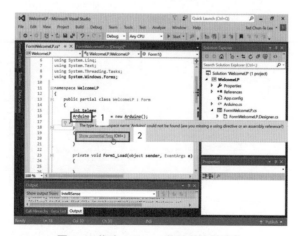

圖 4-21 修改 Arduino 物件的定義宣告

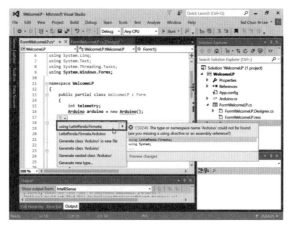

圖 4-22 引入「LattePanda.Firmata」系統類別庫

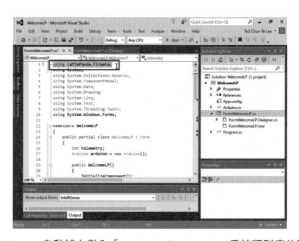

圖 4-23 VS 2015 自動補上引入「LattePanda.Firmata」系統類別庫的原型宣告

Step6. 修改引用 Threading 類別的程式碼：將滑鼠移至 FormWelcomeLP.cs 第 35 行的紅色波浪 Thread 上 →按下「Show potential fiexes (Ctrl+.)」（圖 4-24）→按下「using System.Threading;」（圖 4-25） → VS 2015 會自動在第 9 行補上 Threading 類別引入 System.Threading 的原型宣告（圖 4-26）。

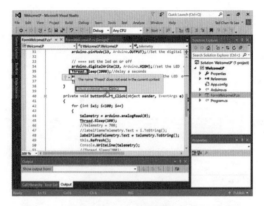

圖 4-24 修改 Threading 類別的引入原型宣告

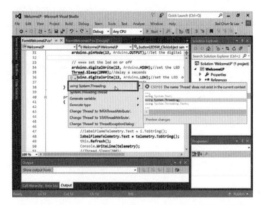

圖 4-25 引入「System.Threading」系統類別庫

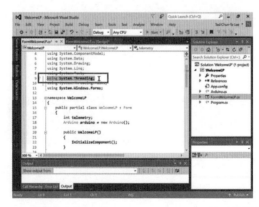

圖 4-26 VS 2015 自動補上引入「System.Threading」的系統類別庫原型宣告

< **EX4-1** > WelcomeLP 程式碼

```
01    using LattePanda.Firmata;
02    using System;
03    using System.Collections.Generic;
04    using System.ComponentModel;
05    using System.Data;
06    using System.Drawing;
07    using System.Linq;
08    using System.Text;
09    using System.Threading;
10    using System.Threading.Tasks;
11    using System.Windows.Forms;
12
13    namespace WelcomeLP {
14        public partial class WelcomeLP : Form {
15            int telemetry;
16            Arduino arduino = new Arduino();
17
18            public WelcomeLP() {
19                InitializeComponent();
20            } //end of WelcomeLP() constructor
21
22            private void FormWelcomeLP_Load(object sender, EventArgs e) {
23            } //end of FormWelcomeLP_Load()
24
25            private void buttonLEDSW_Click(object sender, EventArgs e) {
26            arduino.pinMode(13, Arduino.OUTPUT);
27            //Set the digital pin 13 as output
28                // ==== set the led on or off
29                arduino.digitalWrite(13, Arduino.HIGH);//set the LED on
30                Thread.Sleep(2000);//delay 2 seconds
31                arduino.digitalWrite(13, Arduino.LOW);//set the LED off
32                Thread.Sleep(1000);//delay 1 seconds
33            }
34
35            private void buttonStart_Click(object sender, EventArgs e) {
36                for (int i=1; i<100; i++) {
37                    telemetry = arduino.analogRead(0);
38                    Thread.Sleep(100);
```

Step7· 　　　執行程式：在 VS 2015 IDE 上方工具列上按 Start 即可執行程式。

Step8 · 按下 WelcomeLP 專案 UI 上的「0/1」（圖 4-27），您可看到 LattePanda 上的 D13 腳位 LED 閃爍，如圖 4-28 所示。

圖 4-27 LattePanda 控制 D13 腳位的 LED

圖 4-28 LattePanda 左下角的 D13 LED 閃爍情形

Step9 · 按下 WelcomeLP 專案 UI 上的「Start」鍵，WelcomeLP 會立即將 LattePanda 接收到的火焰感測器模組之感測值顯示於 UI 和主控臺畫面上以供對照（圖 4-29）。其中，當我們點燃打火機模擬火焰靠近時，感測器收到的數值會快速地掉到 200 以下。

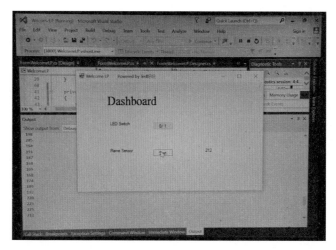

圖 4-29 LattePanda 讀取 A0 腳位的火焰感測器模組之感測值

4-3 總結

　本章使用 C# 來控制 / 讀取 ATmega32U4 晶片上連接的感測器。後續在第六章中將串聯 Microsoft 的 Azure IoT 雲服務來架構出完整的物聯網環境。此外，在第七章也會進一步地示範光線、溫度及瓦斯等各種感測器在智慧居家情境下的應用場景。

4-4 延伸挑戰

　請您製作一個自動火警感測器（可用火焰感測器）：當偵測到週遭環境有異常時，會啟動指示燈（可用 LED）及警鈴（可用蜂鳴器）。

CHAPTER 05

LattePanda 與視覺辨識

本章節將帶領讀者實做一些經典的視覺辨識範例，其中所使用的工具是 OpenCV 視覺辨識函式庫，此外，由於我們將會以 Python 作為我們的主要程式語言，所以還必須安裝相關的套件，例如數值分析用的 NumPy 模組。

5-1 在 LattePanda 上安裝視覺辨識函式庫

首先請到 Python 的網站下載最新版的安裝檔，在這邊要提醒一下讀者，Python 目前有兩種版本，一個是 2.7x 版，另一個則是 3.x 版。Python 2.7x 版是比較舊的版本，同時官方也有發出聲明將不會再繼續更新了，而本篇的範例使用的是新版 3.x 的 Python，所以請讀者注意一下不要選錯囉，以本章為例，最新的版本是 3.6.1，如下圖。接著請按照以下步驟進行。

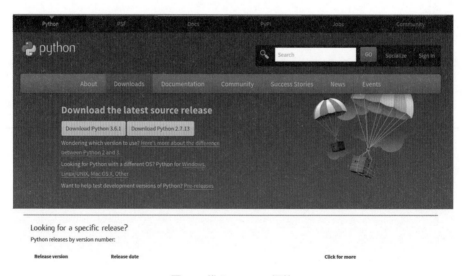

圖 5-1 進入 Python 網站

安裝 Python 與相關套件

Step1 ·	請在安裝 Python 時，將下方「Add Python 3.6 to PATH」勾選起來，意思是要把 Python 加入 Windows 的環境變數內。

圖 5-2 安裝 Python

Step2． 安裝完成後，為了測試我們的電腦是否能正常呼叫 Python，請呼叫您電腦的終端機，Windows 的使用者請按下快捷鍵「win+R」便會在左下角顯示執行視窗，接著輸入「cmd」，這樣一來就會叫出 Windows 的命令提示字元。

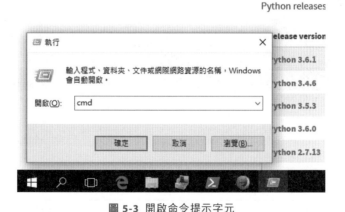

圖 5-3 開啟命令提示字元

圖 5-4 命令提示字元

Step3‧ 接下來請在上面輸入「Python」，呼叫 Python 的互動介面，如果能成功看到「>>>」的符號，那就代表已經成功叫起 Python 的介面了，而使用者可以直接在上面輸入 Python 的相關指令，如果沒有正確顯示這個介面的話，可能是您前面的安裝過程有問題，請重新回到前面的安裝步驟，有可能是您沒有勾選系統變數那個選項，所以 Windows 無法順利呼叫 Python。

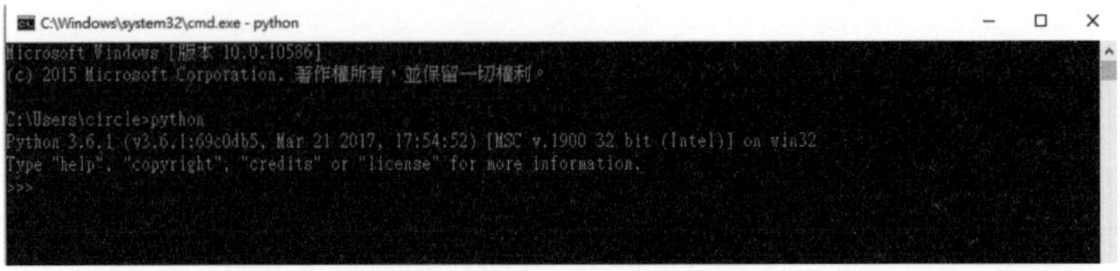

圖 5-5 順利啟動 Python 介面

Step4‧ 接下來請讀者輸入「exit()」跳出這個 Python 互動介面，回到 Windows 的命令提示字元。

圖 5-6 輸入 exit() 離開 Python

Step5‧ 接下來請輸入「pip install numpy」，使用 Python 的套件管理員 pip 來安裝 numpy 這個套件。

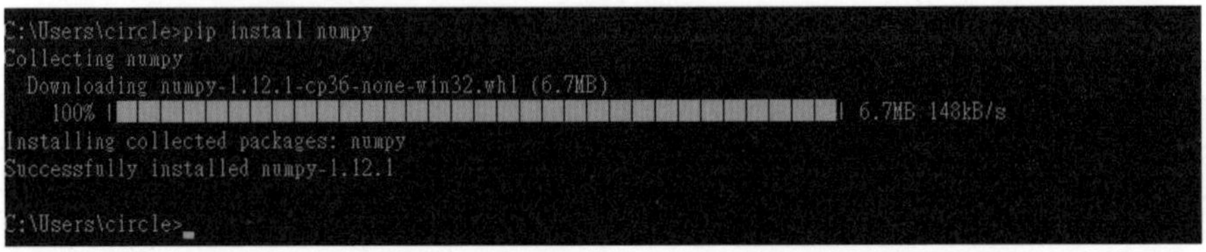

圖 5-7 安裝 Python numpy 套件

Step6． 裝完 numpy 之後，一樣使用 pip 來安裝 OpenCV 套件，請輸入「pip install OpenCV-Python」。

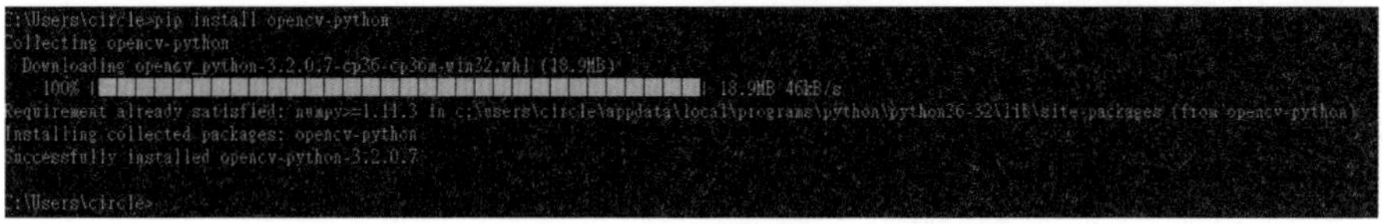

圖 5-8　安裝 Python 的 OpenCV 套件

安裝並設定 Thonny

Step1． 接下來為了要讓您方便開發 Python 的程式，請到以下的網站 (http://thonny.org/) 下載並安裝 Thonny 這個 Python IDE。

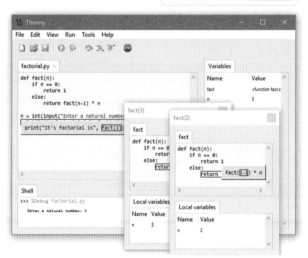

圖 5-9　Thonny 介面

Step2· 裝完必要的 Python 套件之後，我們就要來把 Thonny 的程式路徑設定成我們電腦系統中預設的 Python 執行程式。請點選 Tools 然後再點選 Options，進入 Thonny 的偏好設定。如下圖。

圖 5-10 Thonny 設定

Step3· 接下來選擇 Interpreter，也就是 Python 的直譯器為系統預設的路徑，如下圖。

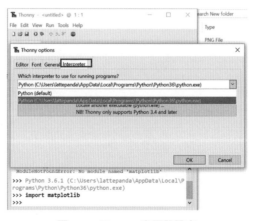

圖 5-11 Thonny 直譯器設定

　　到這邊為止，我們所有撰寫 Python 所需要的工具都已經準備齊全了，接下來就來寫第一個 Python 程式吧！首先請打開 Thonny，並輸入一行指令「print('Hello,python')」，按下上方的播放鍵或者是按下 F5 快捷鍵來執行程式，提醒您，第一次執行的時候，因為你還尚未存成 Python 檔，所以會需要先輸入檔名儲存起來，這樣 Python 才有辦法去執行您的程式碼。成功執行的話，將會在下面的 shell 印出「Hello, python」的字樣，這樣我們就完成了一個簡單的印出範例了！

<EX5-1>
```
01    print('Hello, python')
```

```
Shell
>>> %Run test.py
   Hello, python
>>>
```

圖 5-12　第一個 Python 程式

5-2　Python 語法介紹

　　經過上述的範例，想必讀者會覺得 Python 的程式看起來十分的簡短，而 Python 這個程式語言不只是看起來精簡，還非常容易上手，以下為了準備接下來的視覺辨識程式所需要的基礎，將帶領讀者熟悉幾個常見的 Python 架構以及語法。

語法

　　Python 與常見的 C 語言不同，並不需要在每行程式的結尾加上分號「；」，Python 會透過換行來自動判定是否為同一行，而在 Python 裡井字號「#」代表著單行註解，三個單引號（或雙引號）所夾的區域則是多行註解。所謂註解的意思，就是程式碼當中用來說明的文字，實際上程式在執行的時候，電

腦會忽略那幾段被註解的文字

Python 在宣告變數時也是相當地簡短，只要宣告變數名稱就行了，系統將會自動判斷變數的型別，例如以下的程式碼，一開始宣告一個值為 1 的整數變數 a，接著再宣告一個值為 2 的整數變數 b，最後宣告變數 c，令它的值為 a 與 b 的和，如此一來就完成了簡單的加法計算了。

最後一行 print 跟前一小節的範例一樣，是用來印出訊息的，在 Python 中要印出變數的內容，只要在 print 這個 function（函式）的括號放入變數即可。如果您成功執行的話，應該會看到如下的輸出內容。

<EX5-2>

```
01      # 簡單加法
02
03      '''
04      這是一個簡單的加法程式
05      程式將會印出 1+2 等於多少
06      '''
07      a=1
08      b=2
09      c=a+b
10      print(c)
```

```
Shell
>>> %Run test.py
  3
>>>
```

圖 5-13 印出變數內容

使用者輸入與型別轉換

接下來的範例將小小的修改一下之前的程式，我們希望可以讓使用者自己決定想要相加的兩個數，這時候就需要 input 這個函式了（在此提醒一下，本章節使用的 Python 版本為 Python 3，如果是使用舊版的 Python 2 使用上將會有些許不同），input 函式會將括號裡面的文字當作輸入的提醒訊息印出，並將使用者輸入的「文字」記下來，所以在這裡要提醒一下，剛從 input 讀出來的是字串（String）型別，為了要做數字的加法運算，我們必須將字串轉成整數（int），所以要多一個 int 函式來做型別轉換。

\<EX5-3\>

```
01    # 簡單加法
02
03    '''
04    這是一個簡單的加法程式
05    程式將印出兩個數的相加等於多少
06    '''
07    a=int(input(' 請輸入第一個數 '))
08    b=int(input(' 請輸入第二個數 '))
09    c=a+b
10    print(c)
```

```
Shell
>>> %Run test.py
   請輸入第一個數: 1
   請輸入第二個數: 2
   3
>>>
```

圖 5-14 字串與整數之間的轉型

字串（**String**）

在 Python 中用雙引號或單引號標註的文字就會變成字串變數，而要串接兩個文字也很簡單，跟之前做數字加法一樣，用加號「+」就可以把兩個文字連在一起。

\<EX5-4\>

```
01    a='Hello'
02    "python"
03    c=a+b
04    print(a+b)
```

```
Shell
>>> %Run test.py
  Hello, python
>>>
```

圖 5-15 字串處理

串列（list）

在 Python 中如果要宣告一序列的變數，就必須使用到「list」型別，好比說，如果我們要存取一整個班級所有人的身高，那要是每一個人的身高都需要一個變數去存，將會變得非常繁瑣，所以，如果我們可以定義一個「身高」變數，然後將每個人的編號儲存在這個變數中，那麼當我們想要知道第 10 個人的身高時，就可以呼叫「身高 [9]」來讀取第 10 人的身高，中括號裡面的數字就是我們的編號（index），請注意 Python 與 C 語言的陣列類似，編號是從 0 號開始，所以如果您想要讀取第一個人的身高，就必須呼叫「身高 [0]」。

以下示範 list 在 Python 中的簡單用法，其中「b.append(4)」是指在串列 b 的結尾在加上一個數字 4，所以讀者在宣告串列時，可以不用一開始就把所有串列的內容全部輸進去，用 append 的方式也可以一個一個慢慢的把串列的元素加進去。其中請看到 print 的使用方法跟之前的有些不一樣，會用一個 format 的形式做輸出，這是 Python 3 的格式化印出方法，像本範例就是會把引號裡面的大括號，依序換成 format 裡面包含的變數。

\<EX5-5\>

```
01    "Hello"
02    print("{} 的第一個字是 {}".format(a,a[0]))
03
04    b=[1,2,3]
05    print(" 串列 b{} 的前兩個數字和為 {}".format(b,b[0]+b[1]))
06
07    b.appent(4)
08    print(" 串列 b 結尾加一個數字 4 變成 {}"format(b))
```

圖 5-16 串列

for 迴圈

介紹完 list 之後，我們把焦點轉到 Python 中的流程控制。首先看到「for」這個控制迴圈，我們在範例程式中先宣告一個質數串列 a，接下來進到 for 迴圈內，變數 i 是串列 range(5) 中的元素，也就是 0, 1, 2, 3, 4，所以整個 for 迴圈的意思就是指，這則迴圈會總共執行 5 次，每一次都會將變數 i 依序代入 0 到 4 的數值，此外還會執行下面縮排的程式碼，也就是 print 函式。請注意！因為在 Python 當中並非使用大括號，而是用縮排來指定迴圈或判斷式內部的程式碼。

<EX5-6>

```
01    a=[2,3,5,7,11]
02    for i in range(5)
03        print(' 第 {} 個質數是 {}'.format(i+1,a[i]))
```

```
Shell
>>> %Run test.py
第1個質數是2
第2個質數是3
第3個質數是5
第4個質數是7
第5個質數是11
>>>
```

圖 5-17 for 迴圈列印質數串列

if elif else 判斷式

介紹完 for 迴圈之後，我們最後再介紹一個「if elif else 判斷式」，我們請使用者輸入一個整數，並用 input 讀取，再用 int 轉型成數字，接著進入到 if elif else 判斷式，請注意！跟 for 一樣，在判斷式的後面都必須加一個分號，並且在判斷式之後會執行縮排的子程式。在這個範例中，第一個 if 用來判斷是否大於 0，而第二個 elif 是當前面的 if 判斷得到否定的結果時，會進行的第二次判斷，也就是看這個整數是否小於 0，第三個 else 就是當前面所有的判斷式都得到否定的結果時，就會執行這個選項，請看下面的範例程式。

<EX5-7>

```
01    a=int(input(' 請輸入一個整數 :'))
02    if a>o :
03        print(' 正整數 ')
04    elif a<0:
05        print(' 負整數 ')
06    else:
```

```
07          print('0')
```

圖 5-18 if elif else 判斷數值正負

5-3 人臉辨識

使用 OpenCV 來做圖片的影像處理

認識關於 Python 的一些基本介紹後，接下來我們進入比較深入的應用吧！為了要完成本章的的主題「視覺辨識」，我們要應用的機器視覺常用的函式庫 OpenCV。OpenCV 的全名是 Open Source Computer Vision Library，是一款開源的跨平臺機器視覺函式庫，由 Intel 公司於 1999 年首次提出，OpenCV 第一版於 2006 發佈，第二版則於 2009 年發佈，截至今日已經到第三版本（本章節所使用的 OpenCV 函式庫為最新的 3.2 版），其應用的層面相當地廣，包含人機互動、物體辨識、圖像分割、辨識人臉、動作偵測、運動追蹤等等，對於機器人上的應用更是不可或缺。

另外 OpenCV 本身是開放程式碼，所以我們可以直接從網路上取得最新的原始碼，也可以自行去修改，擴增裡面的內容，OpenCV 本身是由 C/C++ 所編寫的，但是也支援其它的程式語言，例如 Python、Java、MATLAB/OCTAVE 等，而接下來的範例就是要帶讀者使用比較好上手的 Python 來撰寫視覺辨識的相關應用範例。

圖 5-19　OpenCV Logo

　　生活中最常見的機器視覺辨識，大概就是我們手機在拍照時所使用的自動臉孔偵測了，尤其是在拍照時，智慧型手機總會自動偵測畫面中的笑臉然後對焦，如此才能拍出完美的照片，而其中所用到的技術就是本段的重點「人臉辨識」。在開始之前請先準備一張含有人臉的圖片，如圖 5-20。

圖 5-20 examlpe.png

< EX5-8 > **import_pic.py**

```
01    import cv2
02
03    img = cv2.imread('example.png')
```

```
04    cv2.imshow('original',img)
05    cv2.waitKey(0)
06    cv2.destroyAllWindows()
```

　　第 1 行的「import cv2」，是為了匯入前面安裝的 OpenCV 函式庫，接下來在第 2 行用 cv2 這個 OpenCV 函式庫裡面的 imread 函式來讀取圖片，並用一個 img 變數來存取，注意後面引號所括起來的檔名「example.png」是本次範例所使用的圖片檔案位置，如果您的圖片檔不是跟本範例檔放在相同的檔案目錄的話，就不能單純只寫檔名而已，請記得把完整的檔案路徑都附上去，Python 程式才會正確讀到圖片檔喔！而第 4 行的 imshow 函式顧名思義是將讀到的 img 在圖形視窗中顯示出來，所以如果執行成功的話，應該就能顯示圖片，如圖 5-21。

圖 5-21 ＜ EX5-8 ＞執行畫面

　　而讀者或許會發現成功跳出圖片之後，按下鍵盤上的任一個按鍵就會讓圖片自動關掉，這是因為第 5、6 行的 waitKey 與 destroyAllWindows。waitKey 讓程式先執行到第 5 行，然後等待使用者的按鍵觸發，如果真的有按下按鍵的話，就會執行第 6 行的程式碼，並關閉掉所有的視窗。以上這些都是 OpenCV 內建的 GUI 功能（圖形化使用介面），讀者如果有興趣的話可以上 OpenCV 的網站，看看更多的 GUI 教學，比如說按下按鈕調整對比度、拉拉桿調整濾鏡等的互動應用。

接下來要把程式再添加進一步的功能，首先要範例圖片灰階化，也就是從彩色轉成黑白色階，好讓程式可以更容易，更準確地判斷圖片的特徵。我們在前面的程式碼中插入兩行程式碼，第 5 行的 cvtColor 就是 OpenCV 中轉換色彩的函式，而這個函式不只能把彩色轉黑白，也能反過來或者是轉換成不同的色彩表示法，這完全取決於要辨識的應用需要怎樣的素材會比較好判斷，成功執行後會看到轉換前後的兩張比較圖。

< **EX5-9** > **import_pic2.py**

```
01    import cv2
02
03    img = cv2.imread('example.png')
04    cv2.imshow('original',img)
05    gray = cv2.cvtColor(img, cv2.COLOR_BGR2GRAY)
06    cv2.imshow('gray',gray)
07    cv2.waitKey(0)
08    cv2.destroyAllWindows()
```

圖 5-22 圖片轉換前後比較

圖片轉換後，我們就要使用 OpenCV 內建的臉部特徵函式庫來辨識範例圖片中的人臉了，首先要在 OpenCV 的 github 上面下載臉部特徵和眼部特徵的檔案（https://github.com/OpenCV/OpenCV/tree/master/data/haarcascades），分別是 haarcascade_frontalface_default.xml 和 haarcascade_eye.xml，記得把這兩個檔案放到我們主程式以及範例圖片所在的資料夾裡面。

接下來要在前面的程式碼加入辨識的功能，請將剛剛下載的兩個辨識特徵

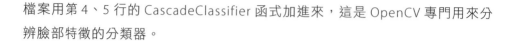

檔案用第 4、5 行的 CascadeClassifier 函式加進來，這是 OpenCV 專門用來分辨臉部特徵的分類器。

< EX5-10 > import_pic3.py 程式

```
01    import cv2
02    import numpy as np
03
04    face_cascade = cv2.CascadeClassifier('./haarcascade_frontalface_
      default.xml')
05    eye_cascade = cv2.CascadeClassifier('./haarcascade_eye.xml')
06
07    img = cv2.imread('example.png')
08    cv2.imshow('original',img)
09
10    gray = cv2.cvtColor(img, cv2.COLOR_BGR2GRAY)
11    cv2.imshow('gray',gray)
```

接下來透過第 13 行的 face_cascade.detectMultiScale 來偵測前面轉成灰階的圖片，第 15 行則會透過一個 for 迴圈來對每一個偵測到的臉部特徵（faces）用一個藍色方形框起來，其中（x, y, w, h）分別代表偵測到的臉部特徵的（x, y）座標，以及寬度跟高度。

但除了偵測到臉部特徵還不夠，我們還希望可以進一步偵測到眼部特徵，所以我們用 roi_gray、roi_color 來當作是我們要做更進一步判斷的素材。「roi」是 region of interest 的縮寫，也就是我們想要辨識的區域，在這裡其實就是指已經辨識到的臉部矩形內部。第 19 行我們一樣用 eye_cascade. detectMultiScale 函式來辨識眼部特徵，再經過第 20 行的 for 迴圈將每一個可能的眼部特徵以綠色的方形框起來。

```
12
13    faces = face_cascade.detectMultiScale(gray, 2, 5)
14
15    for (x,y,w,h) in faces:
16        cv2.rectangle(img,(x,y),(x+w,y+h),(255,0,0),2)
17        roi_gray = gray[y:y+h, x:x+w]
18        roi_color = img[y:y+h, x:x+w]
19        eyes = eye_cascade.detectMultiScale(roi_gray)
20        for (ex,ey,ew,eh) in eyes:
```

```
21              cv2.rectangle(roi_color,(ex,ey),(ex+ew,ey+eh),(0,255,0),2)
22
23      cv2.imshow('img',img)
24      cv2.waitKey(0)
25      cv2.destroyAllWindows()
```

底下是筆者以範例圖片為素材所作的辨識結果，有興趣的讀者可以試試看一張圖片包含許多人的話是否也能正確辨識喔！

圖 **5-23**〈EX5-10〉執行畫面

5-4 物件追蹤

接下來我們要挑戰其他動態的視覺辨識，例如要去追蹤一個指定的物體。類似的應用在機器人身上相當普遍，現代智慧型的機器人都會去偵測物體的動態然後做出相應的動作，而其準確度以及反應的速度會決定機器人的表現好壞，像是有名的機器手臂打桌球，就是利用高速攝影機抓取乒乓球在空中運動的影像，然後經過物件追蹤抓出空中球的軌跡，最後用高精度的伺服馬達打出正確的反擊。

在〈EX5-11〉裡，一開始我們一樣引入 OpenCV、numpy 的函式庫，並設定我們的素材來源為讀取預先錄好的影片 video.mp4，如果您有想辨識的影片，只要把 video.mp4 改成要辨識的影片檔案位址就行了，另外如果說您有外接 Webcam，想要透過攝影機來實際辨識物體的話，可以將第 5 行註解掉，並拿掉第 6 行的註解，把影像來源改成 cv2.VideoCapture(0)，也就是直接讀取攝影機的影像。

< EX5-11 > **import_pic4.py**

```
01    import cv2
02    import numpy as np
03
04    window_size = 600
05    cap = cv2.VideoCapture("./video.mp4")
06    # cap = cv2.VideoCapture(0)
```

接下來看到第 8 到第 14 行在此新增了 3 個 window，第一個是原本的影像，第二個是經過遮罩的影像，第三個則是最後辨識出來的影像。

```
07
08    cv2.namedWindow("window") #設定視窗名稱
09    cv2.namedWindow("mask")
10    cv2.namedWindow("res")
11
12    cv2.moveWindow("window", 0, 0) #設定視窗位置
13    cv2.moveWindow("mask", window_size, 0)
14    cv2.moveWindow("res", window_size * 2, 0)
```

在 15 到 20 行定義了一些參數，lower_bound 跟 upper_bound 是要辨識的遮罩；mouse_x 跟 mouse_y 是代表滑鼠在圖片上的指標，第 20 行則是宣告一個 OpenCV 的字形，用來顯示影像上的數值文字。

```
15
16    lower_bound = np.array([0,0,0])
17    upper_bound = np.array([0,0,0])
18    mouse_x = window_size / 2
19    mouse_y = window_size / 2
20    font = cv2.FONT_HERSHEY_SIMPLEX
```

接下來定義了一個偵測 HSV 數值的函式 detect_hsv，當滑鼠點擊您要辨識的影像時，它會根據點擊的點來更新特徵點的 HSV 數值，由於點擊滑鼠在 OpenCV 需要一個 Callback 回件函式來處理，所以我們在第 28 行宣告了一個

MouseCallback，並指定 window 這個視窗，當滑鼠點擊時就會觸發 detect_ hsv 這個函式。最後，在 30 到 33 行還定義了一個 print_hsv，用來顯示目前的遮罩數值。

```
22    def detect_hsv(event, x, y, flags, param):
23        global mouse_x, mouse_y
24        if event == cv2.EVENT_LBUTTONDOWN:
25            mouse_x = x
26            mouse_y = y
27
28    cv2.setMouseCallback("window", detect_hsv)
29
30    def print_hsv(frame, lower_bound, upper_bound):
31        cv2.putText(frame, "lower_bound: " + str(lower_bound), (5,window_
   size - 20), font, 0.4, (0,255,255), 1)
32        cv2.putText(frame, "upper_bound: " + str(upper_bound), (5,window_
   size - 40), font, 0.4, (0,255,255), 1)
33
```

　　第 34 到 41 行我們宣告了拉桿來調整我們的遮罩數值，分別可以調整色相（Hue）、飽和度（Saturation）、明度（Value）的上下界，用 HSV 來判斷是一種常見的辨識手法，因為原始影像通常是 RGB 三原色的圖片，但是就算同一種顏色，在不同的環境光跟距離下可能讀到的數值也會不一樣，所以轉換成 HSV 數值會取得比較穩定的影像特徵。

```
34    def update(x):
35        lower_bound[0] = cv2.getTrackbarPos("lower_hue", "window")
36        lower_bound[1] = cv2.getTrackbarPos("lower_sat", "window")
37        lower_bound[2] = cv2.getTrackbarPos("lower_val", "window")
38
39        upper_bound[0] = cv2.getTrackbarPos("upper_hue", "window")
40        upper_bound[1] = cv2.getTrackbarPos("upper_sat", "window")
41        upper_bound[2] = cv2.getTrackbarPos("upper_val", "window")
```

　　接下來第 42 到 49 行，我們在 window 這個視窗中新增了六個拉桿，當使用者拉動拉桿時，就會觸發前面定義過的函式 update，更新新的 HSV 遮罩。

```
42
43    cv2.createTrackbar("lower_hue", "window", 15, 180, update)
```

```
44    cv2.createTrackbar("lower_sat", "window", 0, 255, update)
45    cv2.createTrackbar("lower_val", "window", 91, 255, update)
46
47    cv2.createTrackbar("upper_hue", "window", 52, 180, update)
48    cv2.createTrackbar("upper_sat", "window", 255, 255, update)
49    cv2.createTrackbar("upper_val", "window", 255, 255, update)
```

　　最後是主程式，在 while 迴圈中會一直去更新新的辨識素材，並存成變數
frame，接下來透過第 55 行的 cvtColor 將影像轉換成 HSV 的形式，並透過
56~58 的 mask 來定義我們想要的遮罩，經過遮罩後的影像則存成變數 res，
第 60 行的 findCountours 則是 OpenCV 裡面用來找可能輪廓的函式，一個影
像中可能有很多的可能的輪廓，所以我們在 63~66 行的 if 判斷式來找尋最有
可能的物體輪廓，並用一個綠色矩形框起來，70 行的則是把一些重要的 HSV
數值標示給使用者查看，最後在 71~73 中把所有的影像都顯示出來。

　　第 74~79 行的部份，則是要跳出本程式的話，跟前面一樣只要按下 Esc 鍵
就會把辨識的結果存成圖片檔，並透過最後一行的 cv2.destroyAllWindows()
來關閉所有已開啟的視窗。

```
51    update(-1)
52
53    while True:
54        _, frame = cap.read()
55        hsv = cv2.cvtColor(frame, cv2.COLOR_BGR2HSV)
56        mask = cv2.inRange(hsv, lower_bound, upper_bound)
57        mask = cv2.erode(mask, None, iterations = 5)
58        mask = cv2.dilate(mask, None, iterations = 5)
59        res = cv2.bitwise_and(frame, frame, mask= mask)
60        cnts = cv2.findContours(mask.copy(), cv2.RETR_EXTERNAL,
61    cv2.CHAIN_APPROX_SIMPLE)[-2]
62    print ("cnts = ", len(cnts))
63        if len(cnts) > 0:
64            c = max(cnts, key = cv2.contourArea)
65            x, y, w, h = cv2.boundingRect(c)
66            cv2.rectangle(frame, (x, y), (x + w, y + h), (0, 255, 0), 2)
67            hsv_text = str(hsv[int(mouse_x)][int(mouse_y)])
68            cv2.putText(frame, hsv_text, (int(mouse_x), int(mouse_y)),
              font, 0.8, (0, 0, 255), 1)
69        cv2.circle(frame, (int(mouse_x), int(mouse_y)), 10, (0, 0, 255))
70        print_hsv(frame, lower_bound, upper_bound)
```

```
71          cv2.imshow('window',frame)
72          cv2.imshow('mask',mask)
73          cv2.imshow('res',res)
74          k = cv2.waitKey(5) & 0xFF
75          if k == 27:
76              cv2.imwrite("contour_test.png", frame)
77              break
78
79      cv2.destroyAllWindows()
```

　　成功執行程式後，您可以自行調整合適的 HSV 遮罩來辨識想追蹤的物體，圖 5-24 是辨識成功的範例，會將中央的圓柱體抓出大致的輪廓，並且會隨著影像更新不停地計算出物體現在的位置，也就是達到物件追蹤的目的。

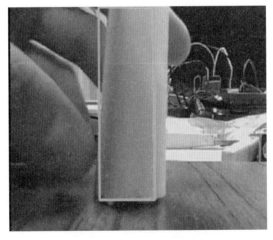

圖 5-24 〈EX5-11〉執行畫面

5-5 總結

　　本章先由 Python 基礎開始循序漸進，慢慢帶到視覺辨識函式庫 OpenCV 的實作，相信經過本章的介紹後，讀者對於視覺辨識會有一定的認識，包含如何做圖片的色階處理、轉換處理、更進一步到臉部辨識、物件追蹤等，而 OpenCV 函式庫其實不只有這幾個功能，還有許多更進階的應用例如修圖、圖片內容分析甚至是機器學習等，有興趣的讀者不妨去 OpenCV 的官方教學網站查看還有哪些有趣的範例可以玩喔！

5-6　延伸挑戰

請試著去 OpenCV 的 github 上面下載其他的檔案（https://github.com/OpenCV/OpenCV/tree/master/data/haarcascades），例如貓咪的臉、身體上半部、身體下半部等不同的特徵，並修改範例＜ EX5-10 ＞看看您的程式碼是否能辨識出其他種類的特徵。

CHAPTER 06

微軟 Azure IoT 雲端物聯網

本章將介紹 Azure 如何支援物聯網（Internet Of Things，IoT，以下簡稱 IoT）上的各種應用，例如：智慧醫療、智慧家電…等的廣泛應用！

文中所有程式都以 C# 程式語言做為範例，Azure 同時也提供 C、Java、Node.js 或 JavaScript 的各種範本供讀者選擇。此外，本章所有截圖皆以微軟 Azure 英文版網站畫面為主。

6-1 什麼是 IoT？

IoT 泛指植物、動物、寵物…萬物連網的情境。我們用一個淺顯易懂的應用來開啟讀者們對它的想像。接著，再帶出這類應用底層的三大軟硬體技術連接而成的基礎架構。

試想：連續假期到了，艾歐提一家人準備要到臺東展開四天三夜漫遊之旅。首先，艾爸在智慧手機上把全家一同規畫好的行程透過行動 App 傳到雲端系統。雲端系統調用大量相關資料進行旅遊行程分析服務後，立刻回傳建議的住宿、採購、行車路線、預算…等等明細到艾爸的手機上。

艾家經過線上家庭會議討論後，將確認清單回傳到雲端系統上，並滿心期待此次的出遊。

出發當天，艾爸把行李交由管家機器人抬到車內後，他催促全家人趕緊到家門口集合上車。接著，車子開啟了自動駕駛模式——它除了得不斷和雲端要到道路資訊外，同時還要持續偵察週遭的行車路況。而這一路上，艾歐提和家人們在車內高聲歡唱著卡拉 OK…。

從以上的情境中，我們看到了物聯網的三大技術區塊：

1. **行動 apps（mobile applications)**：泛指手機上的各種應用程式。目前有兩種開發環境：蘋果（Apple）的 iOS 與 Google 的安卓（Android）兩大作業系統。前者使用以 C 語言為基礎的（C-based）Objective-C、Swift 作為開發 apps 的程式語言；後者是以 Java 語言為基礎的 Android 程式語言或圖形化界面的 App Inventor 來設計 apps。

2. **雲服務（cloud services）**：隨著網路技術不斷的提升，連網的速度愈來愈快,我們除了可以將大量的資料儲存到雲端資料庫之外,也可將分散在各地的電腦主機利用高速網路串聯起來,對這些為數龐大的資料進行各種分析,找出更有用的資訊供後續參考。這類藉由網路串連而開發出的各種功能更為強大的軟體系統稱為雲服務。目前常見的有:微軟的 Azure、亞馬遜的 AWS(Amazon Web Services)、IBM 的 Bluemix 等。每家廠商皆依各自的專精領域,而提供使用者不同的服務項目,例如:使用 Azure 人臉辨識(face recognition)技術,辨識照片主角的性別、年齡…等資訊的 How-Old.net(http://www.how-old.net/)。

3. **各類開發板(development boards)、感測器(sensors)及 Wi-Fi 模組**:我們使用各種開發板(例如:LattePanda、Arduino、樹莓派…等)連接各種感測器來偵測週遭環境的各種狀況(例如:溫度、溼度、PM2.5…等),然後將這些資料透過開發板的 Wi-Fi 模組傳送至雲端,以便進行後續分析。

不論是感測器將測得的資料定期經由開發板回傳至雲端彙整、分析,而後以視覺化的圖表顯示在行動裝置上(圖 6-1 由左至右的方向);又或者,使用者從行動裝置下達控制命令後,透過雲端將此命令送至開發板來操作感測器及其相關電路(圖 6-1 由右至左的方向)。

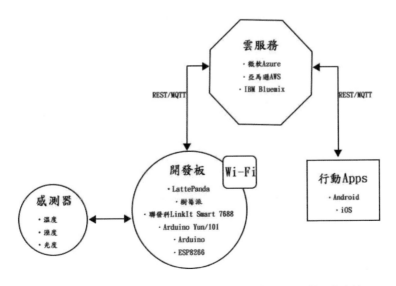

圖 6-1 行動 Apps、雲服務、開發板與感測器技術為 IoT 的三大支柱

6-2 微軟 Azure IoT 雲服務介紹

註冊微軟 Azure IoT 免費試用帳號

　　Azure，允許使用者試用 30 天不收費，但在帳號註冊時，有三道保護機制來重複確認註冊者的真實身份：第一道驗證電子郵件（圖 6-7），第二道手機驗證簡訊（圖 6-10）及第三道個人的信用卡資訊（圖 6-11）。

> **Step1**· 免費註冊帳號。進入 https://azure.microsoft.com/en-us/services/iot-hub/, 並按下「FREE ACCOUNT」建立免費帳號（如圖 6-2、6-3、6-4）。

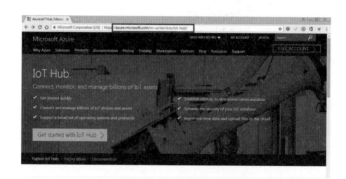

圖 6-2 進入 Azure IoT Hub 網站

圖 6-3 註冊免費帳號

圖 6-4 建立新帳戶

Step2· 填入您要註冊的帳號與密碼。如圖 6-5 所示，其中，電子郵件帳號需為已註冊並開通，否則在步驟 3 將收不到驗證的電子郵件。另外，Azure IoT 控制中樞只允許大寫英文字、小寫英文字、數字與符號四選二組合而成的密碼。

圖 6-5 填入要註冊的帳號與密碼

Step3· 電子郵件驗證。Azure IoT Hub 為了確認註冊者的真實身份，會根據您填入的電子郵件密碼發出一封內含驗證碼（圖 6-7）的驗證信，請至您的信箱找到這封含有 4 位數的驗證信並填回至註冊網頁中（如圖 6-6）。

圖 6-6 在 Azure IoT Hub 網頁中輸入圖 6-7 的驗證碼

圖 6-7 Azure IoT Hub 發出內含驗證碼的電子郵件

Step4． 請輸入您的個人資料（圖 6-8）。

圖 6-8 輸入註冊者個人相關資訊

Step5·　請輸入手機號碼並按下 Send text message 收到簡訊後，回填驗證碼完成手機驗證（圖 6-9、圖 6-10）。

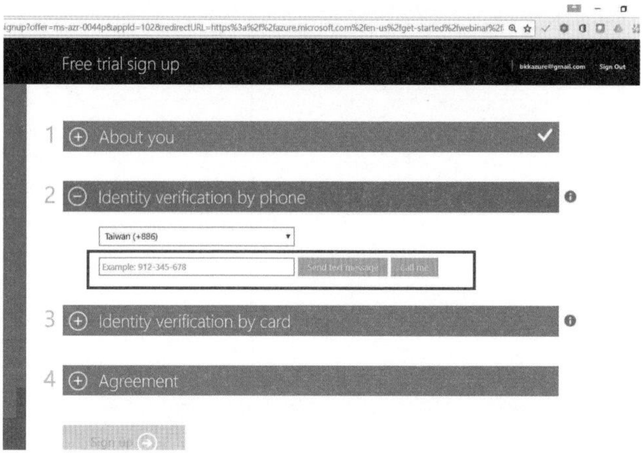

圖 6-9　輸入手機的號碼以發送簡訊驗證碼

圖 6-10　將手機簡訊驗證碼輸入 Azure 頁面完成註冊者身份識別

Step6·　信用卡資訊驗證。在圖 6-11 中輸入信用卡別、有效期限、信用卡背面的驗證碼、住址等資訊。

圖 6-11 輸入信用卡相關資訊

Step7・ 勾選隱私同意合約並同意微軟寄送產品相關訊息，按下 Sign up 完成註冊。

圖 6-12 勾選同意條款與允許微軟寄送產品優惠訊息

微軟 Azure IoT 入口網（Azure IoT Portal）

Azure 入口網（圖 6-13）列出了所有 Azure 提供的各類服務，例如：虛擬主機（Virtual machines）、SQL 資料庫、智慧分析…等。其中，「INTERNET OF THINGS」這一大類囊括了許多快速且便捷的工具模板供我們進一步運用。

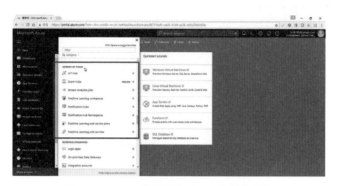

圖 6-13 Azure 入口網中和 IoT 相關的服務

　　類比於圖 6-1，圖 6-14 闡述了在 Azure 上佈署遠端監控（例如：智慧家電）的架構：各種裝置和 Azure IoT 套件內的 IoT Hub 樞相對應。

　　大量的感測資料經由串流分析後，除了需要儲存的資料送到儲存體存放之外，我們將之觸發的各種事件丟給事件控制中樞進行處理，例如：裝置在家中廚房的溫度感測器監測到溫度異常，便立刻關閉電器及瓦斯，同時啟動滅火設備並報警。

　　因此，我們得以在 Azure 入口網的儀表板（Dashboard）上看到與之連接所有感測器的狀態與顯示的數值（圖 6-15）。

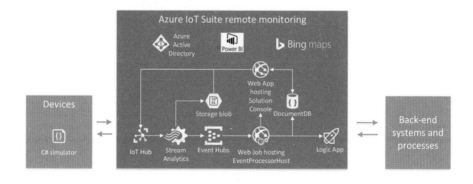

圖 6-14 Azure 遠端監控的佈署架構圖

（圖片來源：https://docs.microsoft.com/zh-tw/azure/iot-suite/iot-suite-v1-what-are-preconfigured-solutions ）

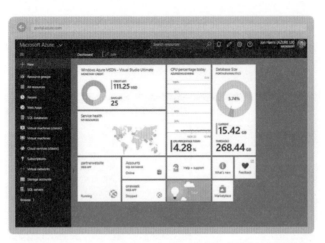

圖 6-15 Azure 入口網上顯示出所有相連接感測器的數值狀態

6-3 上傳感測器資料到微軟 Azure IoT

本範例是參考微軟 Azure 網站內的《Connect your simulated device to your IoT hub using .NET》[1] 一文撰寫而成。測試的 PC 硬體規格如下：

◎中央處理器（Central Processing Unit，CPU）：Intel i3-3220，3.30GHz。

◎記憶體（Memory）：8GB

其它安裝的軟體為：

◎微軟 Windows 7，64 位元，中文旗鑑版，已安裝第一版的服務包（Service Pack 1，SP1）。

◎微軟 Visual Studio 2017，英文社群版（Community）。開發的程式語言為 C#。

另一方面使用 LattePanda 外接各類感測器（如第三章介紹的繼電器模組、光感測器、火焰感測器…等）並將感測器值上傳到雲端，實作範例將留到第七章再一一詳述。

---

1 https://docs.microsoft.com/en-us/azure/iot-hub/iot-hub-csharp-csharp-getstarted

部署完 Azure IoT Hub 後，在 PC 上以 CreateDeviceIdentity 這個 C# 專案產生一個虛擬裝置，裝置識別代號（Device ID）為 myFirstDeviceId，然後向雲端註冊以取得雲端上與它對應的虛擬身份識別資訊，也就是裝置金鑰（Device key）。

接著，我們以 ReadDeviceToCloudMessages 這個專案來，模擬感測器將人工編寫的感測資料往雲端送，然後再將雲端傳來的控制命令以 SimulatedDevice 這個專案接收。

最後，我們將上述的整個流程繪成圖 6-16 以便於您理解。

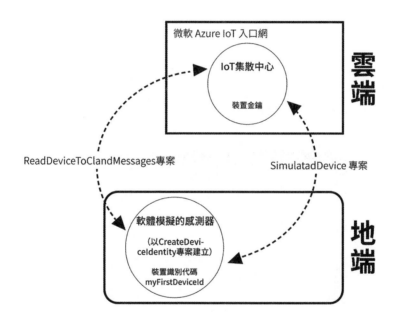

圖 6-16 以軟體模擬方式將感測資料送至雲端

使用微軟 Azure IoT 的入口網來建立 IoT Hub

Step1. 進入 Azure 網站：https://portal.azure.com。

Step2. 按下左上角的「New」按鈕（圖 6-17）。

圖 6-17 新增一 IoT Hub

Step3‧	填寫 IoT Hub 建立表單。找到 Internet Of Things → IoT Hub → 填妥 Name（以英文＋數字命名之，例如：IoTHub03142017）和 Resource group 及 Location（圖 6-18）→新建立的 IoT Hub 會立即在儀表板上顯示（圖 6-19）。

圖 6-18 填寫 IoT Hub 相關資訊

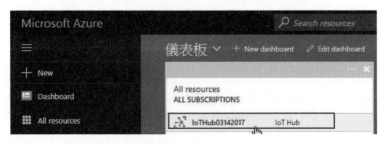

圖 6-19：新建的 IoT Hub 出現在儀表板上

Step4 ·	記下 IoT Hub 的相關資訊。按下圖 6-19 中建立成功的 IoT 控 Hub（IoTHub03142017）→ 將圖 6-20 右邊的 Hostname 記下 → 按下設定選項中的 Shared access policies → 選擇 iothunowner → 將圖 6-21 右邊的 Connection string-primary key 記下。

圖 6-20　記下 Hostname

圖 6-21　記下 Connection string-primary key

在微軟 IoT Hub 內建立裝置的身份識別資訊

< EX6-1 > CreateDeviceIdentity

Step1 ·	新增一個專案。File → New → Project → 選擇 C# 樣版 → 主控臺應用程式 → 命名為 CreateDeviceIdentity（圖 6-22 與圖 6-23）。

圖 6-22 新增一個專案

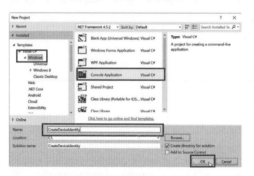

圖 6-23 選擇樣版並命名為 CreateDeviceIdentity

Step2. 加入 Microsoft.Azure.Devices 的 NuGet 套件。在專案總管的 CreateDeviceIdentity 專案上按右鍵 → Manage NuGet Pakage → Browse →輸入要安裝的套件名稱 Microsoft.Azure.Devices 後按下 Enter 鍵→點選 Microsoft.Azure.Devices 套件 → Install（圖 6-24、圖 6-25）。

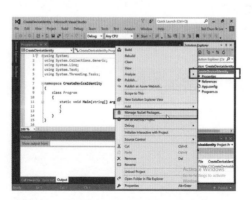

圖 6-24 選擇 Manage NuGet Packages…

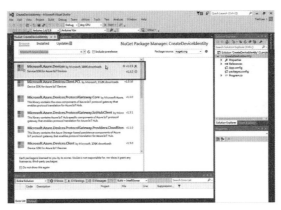

圖 6-25 點選 Install 安裝 Microsoft.Azure.Devices 的 NuGet 套件

> **Step3**·　　　輸入程式碼。開啟專案總管內的 Program.cs →在 VS 2017 自
> 動產生的程式樣版中加入以下灰底的程式碼。

< EX6-1 >程式碼 Program.cs

```
01    using Microsoft.Azure.Devices;
02    using Microsoft.Azure.Devices.Common.Exceptions;
03
04    using System;
05    using System.Collections.Generic;
06    using System.Linq;
07    using System.Text;
08    using System.Threading.Tasks;
09
10    namespace CreateDeviceIdentity
11    {
12        class Program
13        {
14            static RegistryManager registryManager;
15            static string connectionString = " 你已取得的連結字串 ";
16
17
18        private static async Task AddDeviceAsync()
19            {
20                string deviceId = "myFirstDevice";
21                Device device;
22                try
23                {
24        device = await registryManager.AddDeviceAsync(new
    Device(deviceId));
```

```
25              }
26          catch (DeviceAlreadyExistsException)
27          {
28      device = await registryManager.GetDeviceAsync(deviceId);
29          }
30      Console.WriteLine("Generated device key: {0}", device.
    Authentication.SymmetricKey.PrimaryKey);
31          }
32
33      static void Main(string[] args)
34          {
35      registryManager = RegistryManager.CreateFromConnectionString(conn
    ectionString);
36          AddDeviceAsync().Wait();
37          Console.ReadLine();
38      }
39      }
40  }
```

Step4. 執行程式。按下工具列上的「start」執行程式。圖 6-26 為 CreateDeviceIdentity 以模擬裝置識別代碼 myFirstDevice 向 Azure 查出雲端與之對應的虛擬裝置金鑰。

圖 6-26 CreateDeviceIdentity C# 專案執行結果

CAVEDU 說：

開發板（例如本書的 LattePanda）所連接的各種實體感測器（例如：溫度感測器）
會有一個識別代碼（例如：DHT11R1），它就像每間房屋的門牌號碼一樣。
相同的，在雲端也會有一個對應的虛擬物件，我們可以將之視為各個實體感測器的
分身，而這些分身各自都有一把可以開啟我家大門的鎖匙。
所以，每個感測器的
（識別代碼，金鑰）＝（identifier，key）＝（門牌號碼，鑰匙）

收送自若的物聯資料

　　以上的 4 個步驟在雲端部署完成並等待收送資料的 IoT Hub，獲得對應的存取金鑰後，以軟體模擬方式，將感測資料往雲端傳送。最後，讓我們一同來看看 Azure IoT 對數據處理的強大能力吧！

建立可傳送感測資料到雲端的模擬裝置

< **EX6-2** > **ReadDeviceToCloudMessages**

Step1·	新增一個專案並命名為 ReadDeviceToCloudMessages（圖 6-27）。

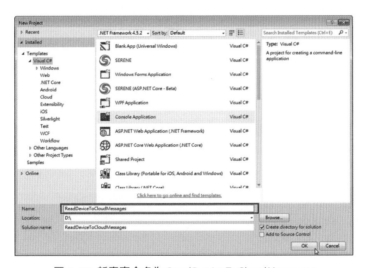

圖 6-27 新專案命名為 ReadDeviceToCloudMessages

Step2·	加入 WindowsAzure.ServiceBus 的 NuGet 套件。此步驟與「CreateDeviceIdentity」專案　樣，只不過要在 Browse　，輸入要安裝的套件名稱 WindowsAzure.ServiceBus 後按下 Enter 鍵→點選 WindowsAzure.ServiceBus 套件→ Install（圖 6-28）

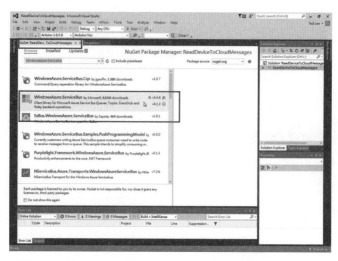

圖 6-28 輸入 WindowsAzure.ServiceBus 並點選 Install 安裝

Step3. 輸入程式碼。開啟專案總管內的 Program.cs →在 VS 2017 自動產生的程式樣版中加入以下灰底的程式碼。

< EX6-2 >程式碼 **Program.cs**

```
01    using Microsoft.ServiceBus.Messaging;
02    using System.Threading;
03
04    using System;
05    using System.Collections.Generic;
06    using System.Linq;
07    using System.Text;
08    using System.Threading.Tasks;
09
10    namespace ReadDeviceToCloudMessages
11    {
12        class Program
13        {
14            static string connectionString = " 你已取得的連結字串 ";
15            static string iotHubD2cEndpoint = "messages/events";
16            static EventHubClient eventHubClient;
17
18            private static async Task ReceiveMessagesFromDeviceAsync(string partition,
19        CancellationToken ct)
```

```
20              {
21                  var eventHubReceiver =
22      eventHubClient.GetDefaultConsumerGroup().CreateReceiver(partition,
    DateTime.UtcNow);
23                  while (true)
24                  {
25                      if (ct.IsCancellationRequested) break;
26                          EventData eventData = await eventHubReceiver.
    ReceiveAsync();
27                      if (eventData == null) continue;
28                          string data = Encoding.UTF8.GetString(eventData.
    GetBytes());
29                          Console.WriteLine("Message received. Partition: {0}
    Data: '{1}'",
30      partition, data);
31                  }
32              }
33
34          static void Main(string[] args)
35          {
36              Console.WriteLine("Receive messages. Ctrl C to exit.\n");
37              eventHubClient =
38              EventHubClient.CreateFromConnectionString(connectionString,
    iotHubD2cEndpoint);
39                  var d2cPartitions = eventHubClient.
    GetRuntimeInformation().PartitionIds;
40                  CancellationTokenSource cts = new
    CancellationTokenSource();
41              System.Console.CancelKeyPress += (s, e) =>
42              {
43                  e.Cancel = true;
44                  cts.Cancel();
45                  Console.WriteLine("Exiting...");
46              };
47              var tasks = new List<Task>();
48              foreach (string partition in d2cPartitions)
49              {
50                      tasks.Add(ReceiveMessagesFromDeviceAsync(partition,
    cts.Token));
51              }
52              Task.WaitAll(tasks.ToArray());
53          }
54      }
55  }
```

接收雲端傳來的控制命令

< EX6-3 > SimulatedDevice

Step1·	新增一個專案並命名為 SimulatedDevice（圖 6-29）。

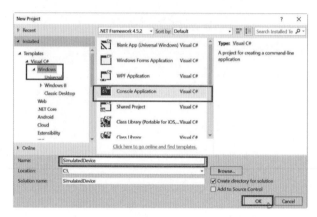

圖 6-29 新增專案 SimulatedDevice

Step2·	加入 Microsoft.Azure.Devices.Client 的 NuGet 套件。此步驟與「CreateDeviceIdentity」專案一樣，不過要在 Browse → 輸入要安裝的套件名稱 Microsoft.Azure.Devices.Client 後按下 Enter 鍵→點選套件名稱後按 Install（圖 6-30）。

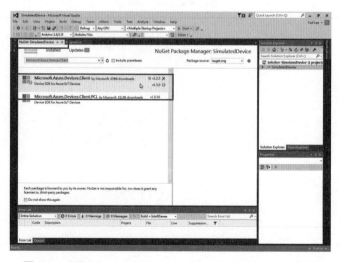

圖 6-30 安裝 Microsoft.Azure.Devices.Client 的 NuGet 套件

> **Step3 ·**　輸入程式碼。開啟專案總管內的 Program.cs → 在 VS 2017 自動產生的程式樣版中加入以下灰底的程式碼。

< EX6-3 >程式碼 Program.cs

```
01   using Microsoft.Azure.Devices.Client;
02   using Newtonsoft.Json;
03
04   using System;
05   using System.Collections.Generic;
06   using System.Linq;
07   using System.Text;
08   using System.Threading.Tasks;
09
10   namespace SimulatedDevice
11   {
12       class Program
13       {
14           static DeviceClient deviceClient;
15           static string iotHubUri = " 你已取得的主機名稱 ";
16           static string deviceKey = " 你已取得的裝置金鑰 ";
17
18           private static async void SendDeviceToCloudMessagesAsync()
19           {
20               double avgWindSpeed = 10; // m/s
21               Random rand = new Random();
22
23               while (true)
24               {
25                   double currentWindSpeed = avgWindSpeed + rand.
     NextDouble()*4-2;
26
27                       var telemetryDataPoint = new
28                       {
29                           deviceId = "myFirstDevice",
30                           windSpeed = currentWindSpeed
31                       };
32                       var messageString = JsonConvert.SerializeObject(telem
     etryDataPoint);
33               var message = new Message(Encoding.ASCII.GetBytes(messageString));
34
35                   await deviceClient.SendEventAsync(message);
36                       Console.WriteLine("{0} > Sending message: {1}",
     DateTime.Now,
```

```
37   messageString);
38
39              Task.Delay(1000).Wait();
40          }
41      }
42
43      static void Main(string[] args)
44      {
45          Console.WriteLine("Simulated device\n");
46          deviceClient = DeviceClient.Create(iotHubUri, new
47   DeviceAuthenticationWithRegistrySymmetricKey("myFirstDevice",
   deviceKey),
48   TransportType.Mqtt);
49
50          SendDeviceToCloudMessagesAsync();
51          Console.ReadLine();
52      }
53  }
54  }
```

將 VS 與 Asure 結合起來

Step1‧	加 入 ReadDeviceToCloudMessages 專 案。 在 專 案總 管 上 按 右 鍵 → Add → Existing Project… → 選 擇資 料 夾 ReadDeviceToCloudMessages 加 入 專 案 檔ReadDeviceToCloudMessages.csproj（圖 6-31 ～ 圖 6-34）。

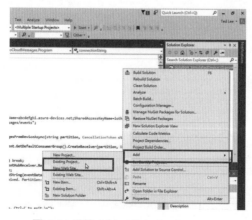

圖 6-31 選擇 Add → Existing Project…

圖 6-32 選擇 ReadDeviceToCloudMessages 資料夾

圖 6-33 開啟 ReadDeviceToCloudMessages.csproj 檔案

圖 6-34 加入成功

Step2· 啟動專案。在專案總管上按右鍵→ Set Startup Projects…（圖 6-35）→將 SimulatedDevice 專案設成 Start（圖 6-36）。此時，ReadDeviceToCloudMessages 專案和 SimulatedDevice 專案已蓄勢待發，等待被同時啟動。

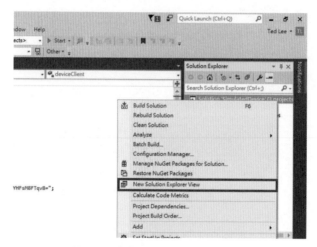

圖 6-35 選擇 Set Startup Projects…

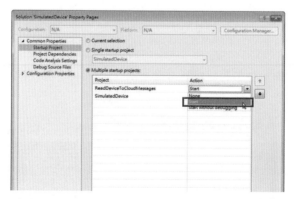

圖 6-36 將 SimulatedDevice 專案設定為同時啟動

Step3· 按下「Start」鈕，同時啟動 ReadDeviceToCloudMessages 專案和 SimulatedDevice 專案（圖 6-37）。

圖 6-37 按下 Start 啟動

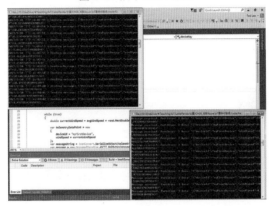

圖 6-38 ReadDeviceToCloudMessages 專案和 SimulatedDevice 專案同時執行

最後，我們再返回雲端查看感測資料的統計圖來確認雲端已收到我們所傳送的資料（如圖 6-39）。

圖 6-39 兩專案啟動一段時間後已上傳了 56 個訊息

6-4 總結

本章選用了 Azure IoT Hub 並使用 C# 程式展示了將軟體模擬的感測資料以「裝置到雲端（device to cloud）」的方式傳送到 Azure 上儲存。所以，我們也可以很清楚地從儀表上看到所有資料。

此外，Azure 網站上也提供了 Java 及 Node.js 兩個版本的文件。您可以試著使用不同的程式語言來存取 Azure，這也是很容易達成的喔！

6-5 延伸挑戰

將本章以軟體模擬實體感測裝置的 C# 專案在 LattePanda 上重新跑一遍，您也可以比較一下在 PC 和開發板上執行相同的專案會有什麼差別。

CHAPTER 07

智慧居家──物聯網智慧居家改造篇

在第六章中我們已看到了 IoT 的三大支援技術領域（感測器與可上網的開發板、雲服務及 apps）。依據控制的方向可分為以下兩種方式。（「雲」是指行動 apps 或雲服務這個端點；地是指開發板端。）

雲對地是從行動 apps 傳送控制訊號經雲服務到開發板，例如：在行動 app 上遙控開發板內建的 LED。地對雲是從開發板將感測資料上傳到雲服務再傳到行動 apps 上顯示，例如：將室溫測值傳到行動 app 上顯示。

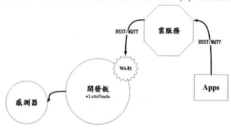

圖 7-1 雲對地模式

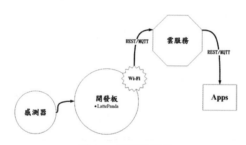

圖 7-2 地對雲模式

因此，本章將進一步探討 IoT 的真實應用情境：LattePanda 連接光感測器、溫度與瓦斯三種感測器，取得外在環境的感測值後使用 Temboo 的代理服務將資料上傳到 Google 試算表中（圖 7-3）。

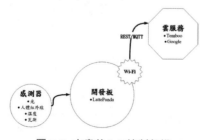

圖 7-3 本章的 IoT 控制架構

本章所需元件清單：
* DFRobot 光感測器 TEMT6000
* DFRobot 溫度感測器 LM35
* DFRobot 瓦斯感測器 MQ2

7-1 Home, Home, "Smart" Home!

IoT 的產業應用至少包含智慧醫療、智慧交通、智慧居家、智慧建築與智慧城市…等領域。本章著重在以 LattePanda 及其感測器套件並串聯 Google 雲服務以達成智慧居家的應用。

本範例將使用 Google 試算表服務當成雲端資料庫來儲存感測器的感測值。為了避免 Google 三不五時就更新自家認證機制的窘境，我們透過知名的 Temboo 代理服務居中處理呼叫各種 Google API 的認證事宜。其中，Google 試算表和 Temboo 代理服務各自需要透過 7-2 與 7-3 節先行設定自動連結的方式。

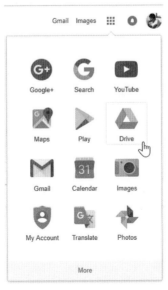

圖 7-4 Google 的各種雲端服務項目列表

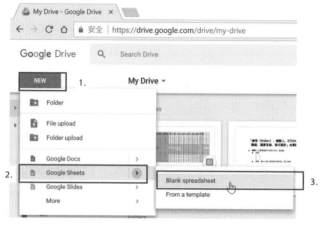

圖 7-5 新增 Google 雲端試算表

7-2 Google 端設定

使用 Google 試算表做為感測值的日誌記錄的設定步驟如下圖：

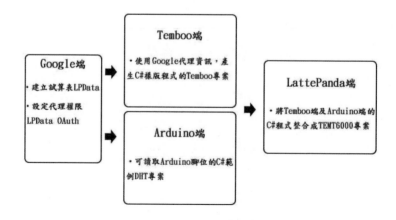

圖 7-6 Google 端設定流程示意

Step1・　　新增試算表，命名為「LPData」，並加入一欄位名稱「Telemetry」（根據我們測試的結果，若未事先建立欄位名，則無法順利上傳感測值），如圖 7-7。

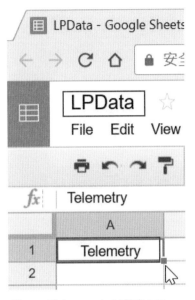

圖 7-7　建立 Google 試算表 LPData

Step2・　　建立憑證。我們以事先申請的 Google 帳號與密碼登入 Google API Manager（console）後就可以開始建立一新的專案 LPDataOAuth。

1. 進入 Google API 網站 console.developers.google.com。
2. 點擊圖 7-8 中，框線裡的小箭頭。
3. 按下右方的「＋」號圖示，建立新的專案，如圖 7-9。
4. 為您的專案命名為「LP Data DAuth」，如圖 7-10。
5. 專案建好後的畫面如圖 7-11 所示。

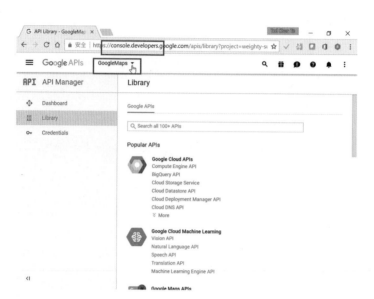

圖 7-8 登入 Google API 網站

圖 7-9 建立一新的憑證專案

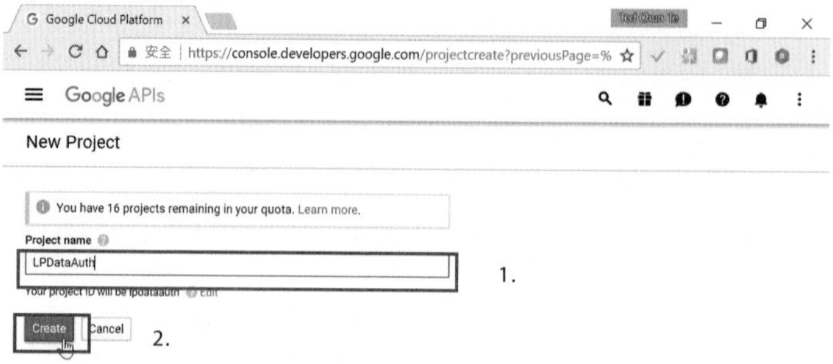

圖 7-10 將新專案取名為 LPDataOAuth

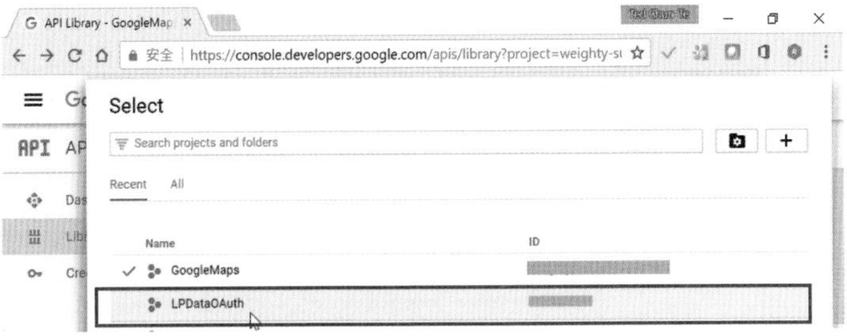

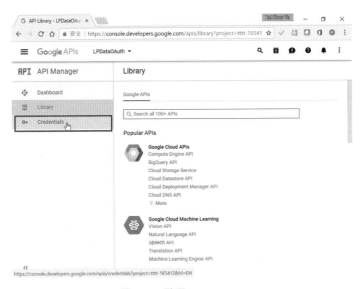

圖 7-11 LPDataOAuth 專案建置完畢

Step3. 設定 Google 的授權憑證書，以便 Temboo 能代理我們使用
Google API 來存取 LPData 試算表。
1. 點選 Credentials。
2. 選 擇「OAuth consent screen」，在「Product name shown
to users」。
3. 按下 Save 完成。

圖 7-12 點選 Credentials

圖 7-13 設定完成

> **Step4**· 　產生客戶端識別碼。建立網頁應用類型的客戶端識別碼憑證
> 授權後，會產生授權的辨識資訊：客戶端識別碼（Cliant ID）
> 及客戶端密鑰（Client Secret）。

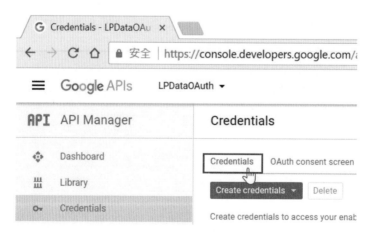

圖 7-14 建立識別碼憑證

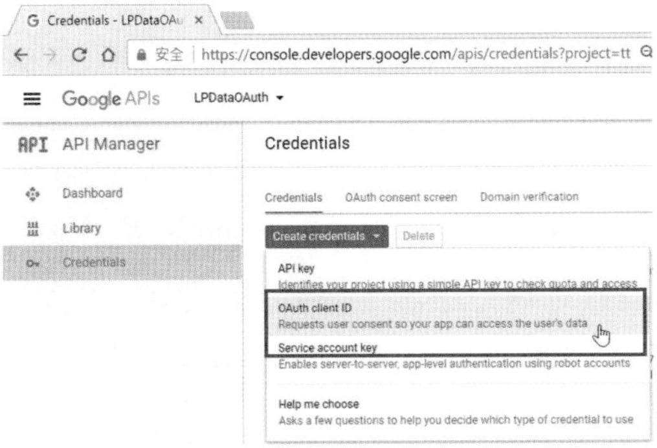

圖 7-15 產生客戶端識別碼

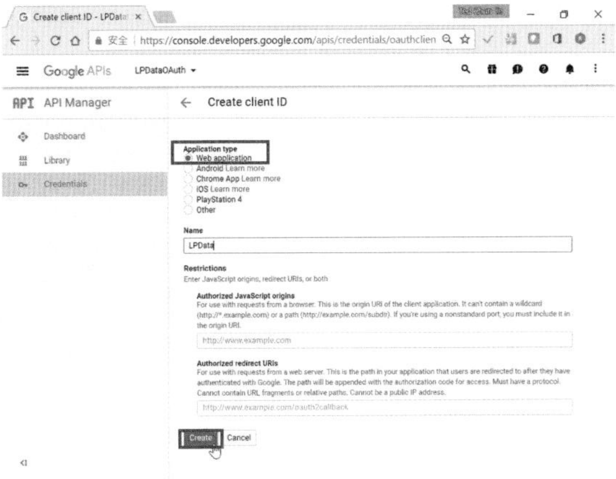

圖 7-16 建立網頁應用程式

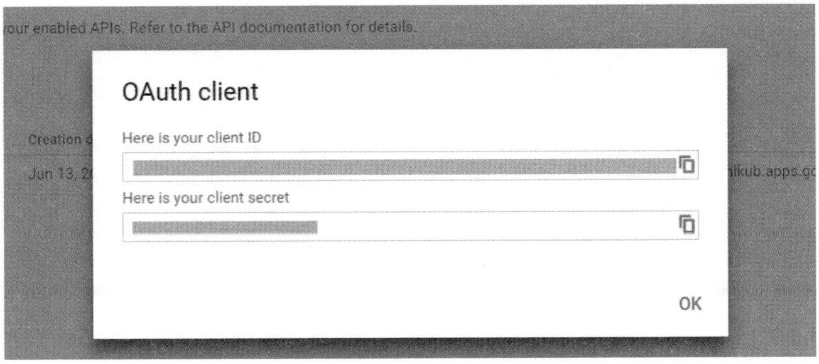

圖 7-17 取得客戶端識別碼及客戶端密鑰

7-3 Temboo 端設定

在第 7-2 節中，以 Gmail 帳號設定 Google API 的憑證與填寫 OAuth 同意書後就能取得 Google 的客戶端識別碼與客戶端密鑰。接著，我們將這兩項代理資訊交付給 Temboo 這個委託中心，來產生回呼識別碼（CallbackID）、存取代碼（AccessToken）及刷新代碼（RefreshToken）。其中，這個交付過程需要透過 Temboo 來進行初始化（Initialize）與最終化（Finalize）OAuth 憑證授權。

最後，我們使用 Spreadsheet 項目內的 AppendRow 來測試我們在 7-2 節及本節繁瑣的設定流程後，能否正確地讓 Temboo 幫我們上傳一筆虛擬的感測值 168。同時，Temboo 也很貼心地自動產生已包含 Temboo OAuth 認證資訊的 C# 範例程式碼！

Step1 ·	建立新的 Application LPData。
	a. 連至 Temboo 網站 https://temboo.com/，登入或註冊新帳號，如圖 7-18 所示。

圖 7-18 登入 Temboo 或註冊新帳號

b. 按下右上角帳號處並選擇 Applications。

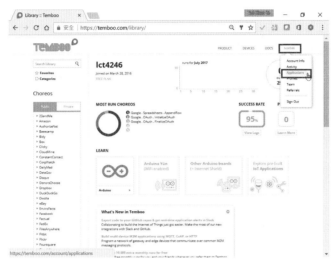

圖 7-19 選擇 Applications

c.New Application。 在 APPLICATION 處 填 入 應 用 名 稱 LPData，並按下 New Application。

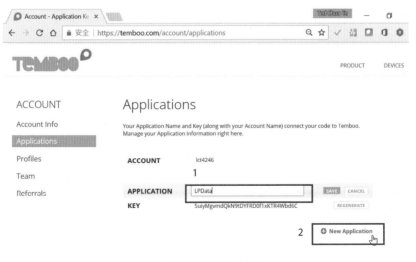

圖 7-20 建立並命名為「LPData」

d. 建立完成後，點選右上方的 PRODUCT → Code Generation。

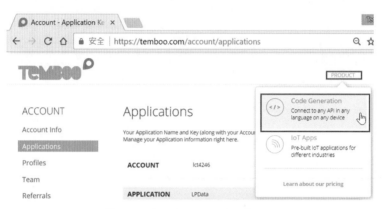

圖 7-21 產生 OAuth 初始化程式碼

Step2 · Google 的 OAuth 初始化。

a. 從左側的 Choreos 中選擇 Google → OAuth → InitializeOAuth 開始 Temboo 代理認證的初始化設定。

圖 7-22 Temboo 的 choreos 選項

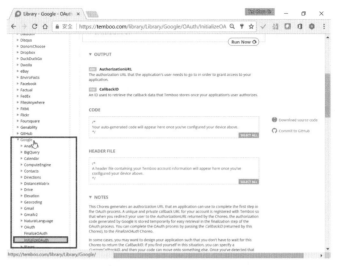

圖 7-23　在 Google 的 OAuth 中選擇初始化

b. 在 ClientID 中填入在 7-2 節裡產生出的客戶端識別碼，在 Scope 填入 https://spreadsheets.google.com/feeds/　按下右下角紅色的 RunNow 按鈕。

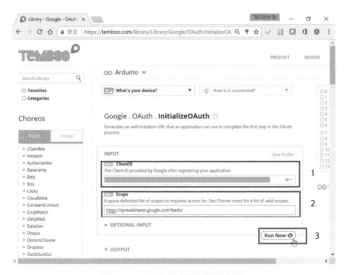

圖 7-24　填入授權的憑證資訊

c. 在 AuthorizationURL 中點選 thisURL 來開啟認證視窗，如圖 7-25。

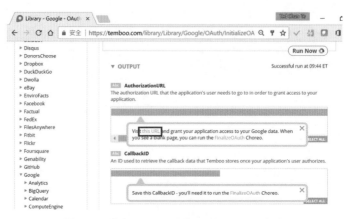

圖 7-25 同意 Temboo 存取您的 Google 資料

d. 在跳出視窗中，選取您的 Gmail 帳號，如圖 7-26 所示。

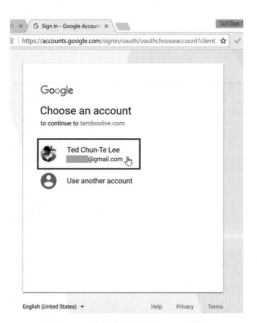

圖 7-26 選擇存取的 Google 帳號

e.Google 說明 Temboo 要檢視與管理的 Google 試算表，是否
要同意？點擊 Allow 後會自動開啟一頁空白的網頁（請留著
不用關閉它），如圖 7-27、7-28。

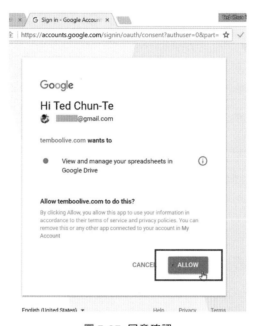

圖 7-27 同意確認

圖 7-28 確認完成後會另開一頁空白網頁，請開著不管即可

Step3． Google 的 OAuth 最終化設定。

a. 點擊 CallbackID 裡的 FinalizeOAuth，如下圖所示。

圖 7-29 進入 OAuth 最終化程序

b. 輸入 ClientID、ClientSecret 與 CallbackID 之後點選 Run Now，將自動產生的 AccessToken 及 RefreshToken 記下。

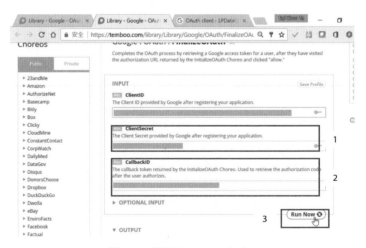

圖 7-30 按下 Generate Code

c. 將自動產生的 AccessToken 及 RefreshToken 記下。

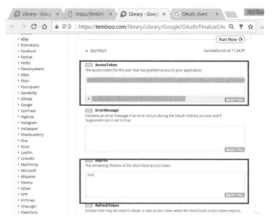

圖 7-31 記下產生的 AccessToken 與 RefreshToken

> **Step4.** Google 的新增資料 AppendRow。
>
> a. 選擇 Choreos/Google/Spreadsheets/AppendRow，如下圖所示。

圖 7-32 使用 Google 項目中試算表的新增列代理服務

> b. 將 Step3 裡產生的相關資訊分別填入 ClientID、ClientSecret、RefreshToken。RowData 則填入任一測試值 168；SpreadsheetTitle 填 LPData 後按下 Run Now。

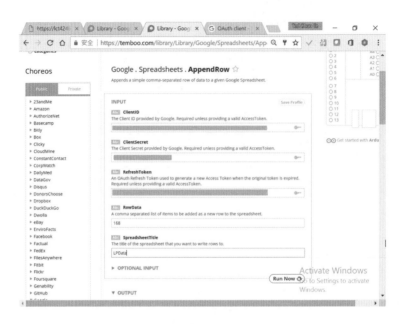

圖 7-33 填入憑證資訊及指明新增資料相關內容

c. 在 OUTPUT 的 Response 中 會 出 現 測 試 成 功 的 字 樣
「success」，如下圖所示。

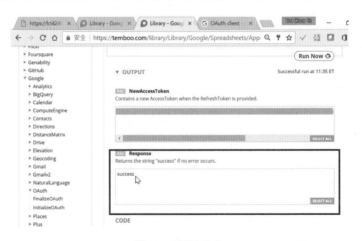

圖 7-34 測試成功

d. 回到 Google 雲端硬碟的試算表頁面，您會看到測試值 168
已成功上傳到 LPData。

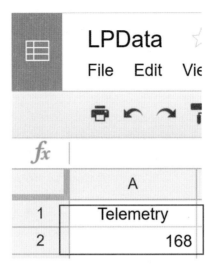

圖 7-35 Temboo 成功代理上傳測試值 168

Step5· Temboo 會自動產生範例程式。從頁面的下拉式選單中點選 C# 後往下捲動至 CODE 處即為 Temboo 自動產生的程式碼 Temboo.cs。

圖 7-36 點選 Arduduion 圖示選擇 C#

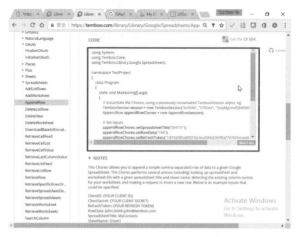

圖 7-37 Temboo.cs 程式碼

程式碼 Temboo.cs

```
01    using System;
02    using Temboo.Core;
03    using Temboo.Library.Google.Spreadsheets;
04
05    namespace TestProject {
06        class Program {
07            static void Main(string[] args) {
08                    // Instantiate the Choreo, using a previously instantiated
                      TembooSession object, eg:
09                    TembooSession session = new TembooSession(" 您的 Temboo
                      帳號 ", " 您的 Google 試算表檔名（此例中為 LPData）", " 您的
                      Temboo 金鑰 ");
10                    AppendRow appendRowChoreo = new AppendRow(session);
11
12                    // Set inputs
13                    appendRowChoreo.setRowData(" 寫入的測試值（此例為 168）");
14                    appendRowChoreo.setSpreadsheetTitle(" 您的 Google 試算表
                      檔名（此例中為 LPData）");
15                    appendRowChoreo.setRefreshToken("FinalizeOAuth 產生的
                      RefreshToken");
16                   appendRowChoreo.setClientSecret("InitializeOAuth 產生的
                     client secret");
17                  appendRowChoreo.setClientID("InitializeOAuth 產生的 client
                        ID");
18                    // Execute Choreo
```

```
19          AppendRowResultSet appendRowResults = appendRowChoreo.
            execute();
20          // Print results
21          Console.WriteLine(appendRowResults.NewAccessToken);
22          Console.WriteLine(appendRowResults.Response);
23          } //end of Main()
24          } //end of Program::
25          } //end of TestProject
```

7-4 Arduino 端測試（LattePanda 連接感測器）

　　設定完 Google 和 Temboo 之後，接下來我們要連接 DFRobot 另外販售的初學者感測器套件包中的 3 種感測器（光感測器 TEMT6000、溫度感測器 LM35、瓦斯感測器 MQ2），並將感測值上傳到 Google 的試算表 LPData 中。

< EX7-1 >光感測器 TEMT6000

Step1· 　　將 TEMT6000 接到 LattePanda 的 Gravity A0 腳位，如下圖所示。

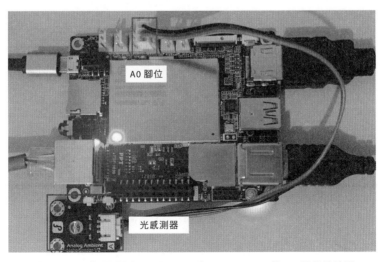

圖 7-38 光感測器模組 TEMT6000 與 LattePanda 的 A0 腳位接線圖

Step2· 以 Arduino IDE 開啟 TEMT6000.ino，設定好板子（board）和序列埠（COM port）後，即可燒錄。

＜ EX7-1 ＞ TEMT6000.ino

```
01    void setup() {
02      Serial.begin(9600);              // 開啟序列通訊埠，鮑率設定為 9600bps
03    }
04
05    void loop() {
06          int val;
07          val=analogRead(0);           // 將感測器接到 A0 腳位
08          Serial.println(val);         // 印出數值
09          delay(100);
10    }
```

Step3· 在 Arduino IDE 中，按下右上角放大鏡圖示開啟 Serial Monitor，即可看到您目前四周的光線強度數值變化。

圖 7-39 光感測器的數值畫面。

7-5 LattePanda 端整合

在本節，我們要在 Visual Studio 中建立 TEMT6000 的 C# 專案，並將 7-3 節內的 Temboo.cs 程式取代預設 Program.cs 的程式碼。

因為 Temboo.cs 中使用的函式庫已定義在 Temboo C# SDK 的 TembooSDK. dll 這個動態連結函式庫檔案，我們只需要額外匯入它並使用 VS 修改相關的程式碼即可。

建立 TEMT6000 專案

Step1 ·	點擊 Start 中的 New Project⋯。在 Installed → Templates → Windows Console Application → Browse →選取專案要儲存的資料夾→ Name: TEMT6000。

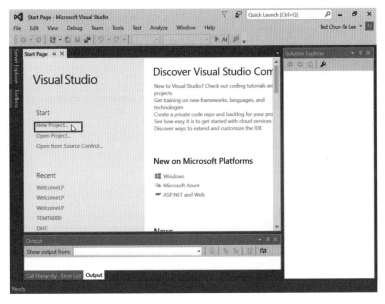

圖 7-40 開啟新的 C# 專案

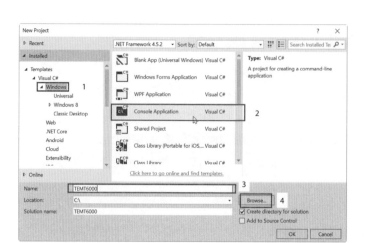

圖 7-41 將新專案 TEMT6000 設定為 Windows 的主控臺應用程式類型
（註：1‧專案路徑、2‧樣版類型、3‧專案名稱、4‧瀏覽儲存位置）

Step2‧ 連至 https://temboo.com/download/，並點擊 C# 圖示。

圖 7-42 下載 Temboo 的 C# 版本 SDK

Step3‧ 將 TEMT6000.cs 程 式 取 代 預 設 Program.cs 的 程 式 碼 → Solution Explorer → 在 References 上 按 右 鍵 → 選 擇 Add Reference → Browse → 選 擇 temboo_csharp_sdk_2.19.0\bin\ TembooSDK.dll → Add → OK → 接 著 在 第 14 行 的 TembooSession 上按下滑鼠右鍵→點擊 Show potential fixes (Ctrl+.) → 選擇 using Temboo.Core。

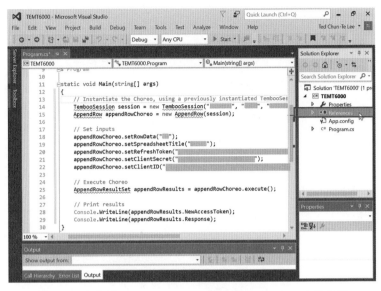

圖 7-43 在右側 Solution Explorer 視窗的 References 上按右鍵

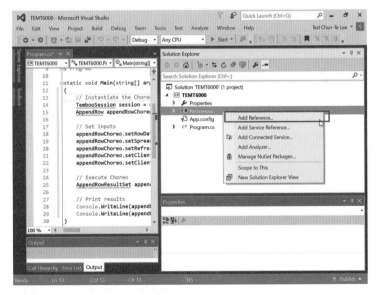

圖 7-44 在快速選單上選 Add Reference…

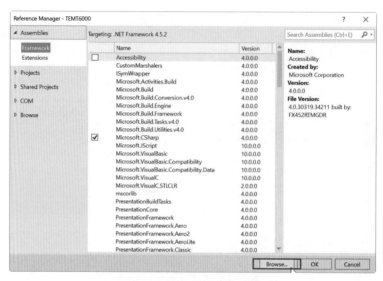

圖 7-45 點選 Browse 找尋 SDK

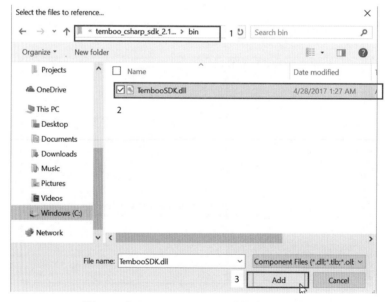

圖 7-46 加入 TembooSDK.dll 動態連結函式庫

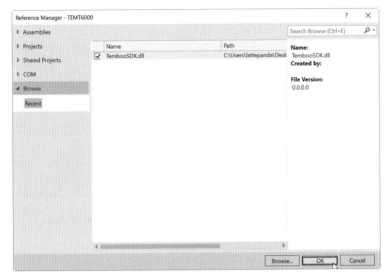

圖 7-47 按下 ok 確認選取

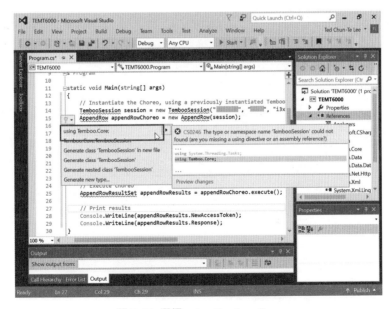

圖 7-48 選擇 using Temboo.Core

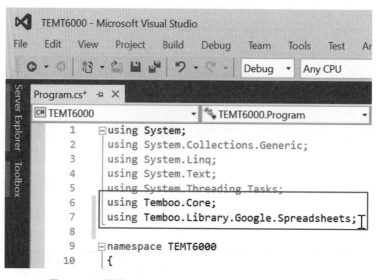

圖 7-49 自動引入 Temboo.Library.Google.Spreadsheets

　　第二階段，我們再將 Ramin Sangesari 發表的 DHT11 專案內定義了 Arduino 這個物件導向類別的 Arduino.cs 程式加入到 TEMT6000 專案裡。修改用到此類別的程式碼後，便可順利執行本專案了！

Step4．　　加入 \DHT\Arduino.cs。

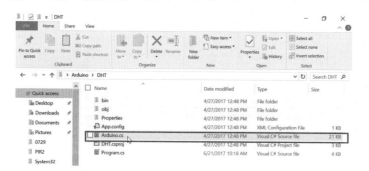

圖 7-50 加入 Arduino.cs 的 Arduino 類別

Step5．　　修改用到定義在 Arduino.cs 中的 Arduino 類別。

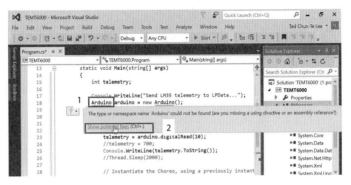

圖 7-51 修改用到 Arduino 類別的程式碼

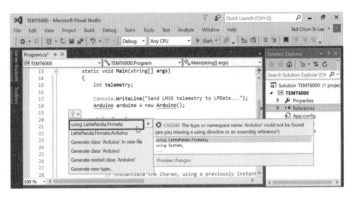

圖 7-52 引入 LattePanda.Firmata

Step6・ 修改引入 Threading 定義的類別，修改完的程式如程式碼 TEMT6000.cs。

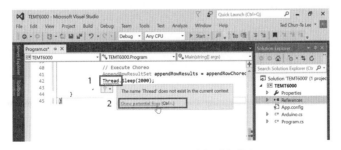

圖 7-53 修改 Thread 的類別定義處

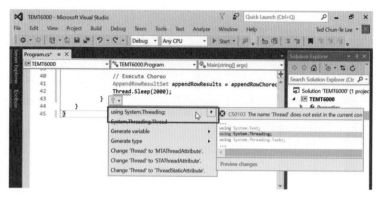

圖 7-54 引入 System.Threading

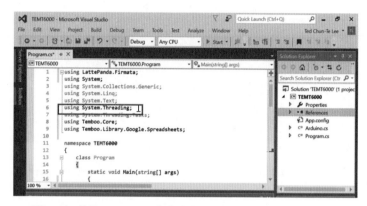

圖 7-55 使用 TEMT6000 專案會用到 System.Threading 的宣告

Step7 · 請 至 本 書 Github 下 載 DHT_Firmata.ino，燒 錄 到 Latte Panda 的 ATmega32U4 晶片。

TEMT6000.cs

```
01    using Temboo.Library.Google.Spreadsheets;
02
03    namespace TEMT6000 {
04        class Program {
05            static void Main(string[] args) {
06                int telemetry;
07
08                Console.WriteLine("Send telemetry to LPData...");
09                Arduino arduino = new Arduino();
10
11                while (true) {
```

```
12              telemetry = arduino.analogRead(0);
13              //telemetry = 700;
14              Console.WriteLine(telemetry.ToString());
15
16              // Instantiate the Choreo, using a previously instantiated
                TembooSession object, eg:
17              TembooSession session = new TembooSession(" 您的 Temboo
                帳號 ", " 您的 Google 試算表檔名（此例中為 LPData）", "
                您的 Temboo 金鑰 ");
18                AppendRow appendRowChoreo = new AppendRow(session);
19
20              // Set inputs
21              appendRowChoreo.setRowData(" 寫入的測試值（此例為 168）");
22              appendRowChoreo.setSpreadsheetTitle(" 您的 Google 試算表檔
                名（此例中為 LPData）");
23              appendRowChoreo.setRefreshToken("FinalizeOAuth 產生的
                RefreshToken");
24              appendRowChoreo.setClientSecret("InitializeOAuth 產生
                的 client secret");
25              appendRowChoreo.setClientID("InitializeOAuth 產生的 client
                ID");
26
27              // Execute Choreo
28              AppendRowResultSet appendRowResults = appendRowChoreo.
                execute();
29                Thread.Sleep(2000);
30            } //end of while
31          } //end of class
32        }//end of main
33    } //end of namespace
```

Step8· 最後您可以看到 TEMT6000 專案輸出畫面，如下圖所示，同時您也可以在 Google 試算表上看到已上傳的資料。

圖 7-56 TEMT6000 讀取 LattePanda 之 Arduino 光感測器值

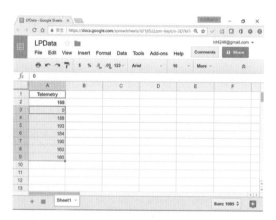

圖 7-57 成功上傳感測資料至 Google 試算表

使用溫度感測器模組 LM35

依照下圖接上 LM35 模組，使用 TEMT6000.cs 程式碼，即可測到 LM35 的感測值。這些感測值也會同時上傳到 LPData 試算表。

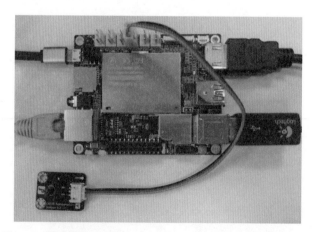

圖 7-58 溫度感測器模組 LM35 與 LattePanda 的 A0 腳位接線圖

圖 7-59 C# 專案 LM35 輸出的溫度感測值

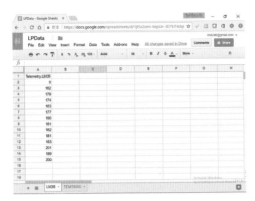

圖 7-60　LM35 感測器成功上傳感測資料

使用瓦斯感測器模組 MQ2

依照下圖接上 MQ2 模組，使用 TEMT6000.cs 的專案，即可測到 MQ2 的感測值。這些感測值也會同時上傳到 LPData 試算表。

圖 7-61　瓦斯感測器模組 MQ2 與 LattePanda 的 A0 腳位接線圖

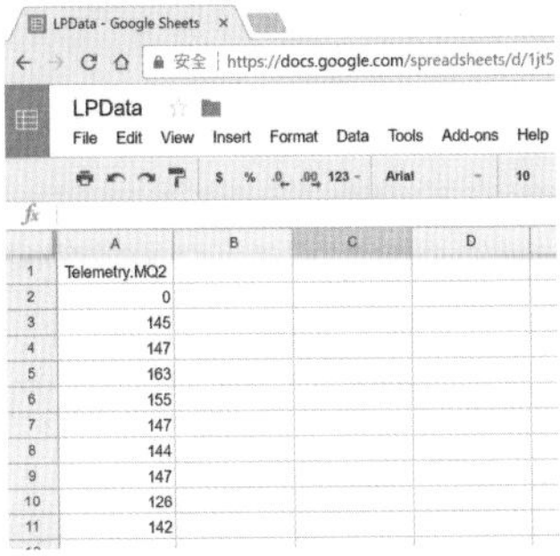

圖 7-62　MQ2 感測器成功上傳感測資料

7-6 總結

　　在 7-4 節中提到的套件包裡共有 15 個感測器，我們僅用其中的 3 種來為讀者示範如何將之和開發板與雲服務串接成物聯網的情境。其它的，如人體紅外線感測器（Passive Infrared Sensor，PIR），您可根據其餘的 DFRobot 產品網站之說明，將之接到 LattePanda 的 D9 腳位，再修改一下程式碼即可。

7-7 延伸挑戰

　　有了這些軟、硬體基礎之後，讀者便可以運用這些技術來設計自己心目中想完成的各類小專題了。請參照這個用 LattePanda 來玩的脈搏量測系統（https://www.youtube.com/watch?v=TLWEE9dZBns），動手試試看吧！

CHAPTER 08

Processing 互動介面設計

本章將介紹 Processing 這個好用的數位互動介面開發環境，再透過序列埠取得 Arduino 的腳位狀態後，作出心跳偵測器的專題。您也可以多多使用 Processing 作出各式各樣的互動小遊戲，並在 LattePanda 上執行，這樣就是一臺獨立的互動遊戲裝置囉！

> **本章所需元件清單：**
> * LED X13
> * RGB LED 共陰極 X1
> * DFRobot 心跳偵測器模組

8-1 Processing 數位互動開發環境

Processing 是由 Ben Fry（Broad Institute）及 Casey Reas（UCLA Design | Media Arts）發起的開放原始碼程式語言及開發環境。Processing 以 Java 語法為基礎，主要用於藝術、影音與互動介面設計，其支援的平臺有 Linux、Mac OS X 及 Windows。現在 Processing 還能結合 Arduino、樂高機器人等嵌入式開發板或機器人平臺，更可結合 Android 行動裝置、Kinect 和 Leap Motiom 有更加豐富的應用。

另一方面，Processing 也可執行在 Raspberry Pi 這類的單板電腦上，歡迎您都試試看喔！更多資訊請參考：http://wp.me/p3T9Qk-5wS

取得 Processing IDE

請由 Processing[1] 網站（https://processing.org/）取得 Processing IDE，請直接下載 Windows 系統用的 .zip 檔之後解壓縮執行。在此使用的是 2.2.1 版，

如果您手邊還沒有 LattePanda 的話，也可以直接根據手邊電腦的作業系統下載對應的安裝檔，Windows、MAC OSX 與 Linux，甚至 Raspberry Pi 都

---

1 Processing 3.x 版與 2.x 版有一定的差異，請確認您所要使用的語法與相關函式庫，但就基礎操作上來說是差不多的。

可以安裝 Processing。下載後解壓縮之後，點選 processing.exe 即可開啟
Processing 主介面。

Processing 環境介紹

Arduino 與 Processing 有相當深的淵源，因此兩者的介面非常地相似。畫面如下：

圖 8-1 Processing 主畫面

選單由左至右依序介紹如下：

◎檔案（File）選單：新增、開啟既有檔案與範例程式。

◎編輯（Edit）選單：複製、剪下、貼上等文字編輯功能。

◎草稿碼（Sketch）選單：執行、停止、匯入函式庫等。

◎工具（Tools）選單：顏色選取器、新增其他工具等功能。

◎協助（Help）選單：新手教學與說明文件等。

主畫面按鈕由左至右依序介紹如下：

1. Run：執行現在視窗的程式。

2. Stop：停止執行現在的程式。

3. New：新增空白程式。

4. Open：開啟現有程式。

5. Save：存檔。

6. Export Application：匯出為 Java 應用程式。

7. Mode（Java）：切換模式，例如 JavaScript 或 Python。

　　另一個好處是，Processing 的範例幾乎都可以直接執行，Arduino 的範例則需搭配對應的周邊才有效果（沒有 LCD 螢幕當然就無法測試相關的範例）。請由 File/Examples 開啟範例視窗，直接找到 Basic/Input /Mouse 2D 範例，開啟並執行。

圖 8-2 找到 Mouse 2D 範例

　　點選畫面左上角的 Run 鍵即可直接執行，您會看到跳出一個新的視窗，滑鼠可用來控制兩個方塊的水平位置（X 座標）與大小（Y 座標）。

圖 8-3 Mouse2D 範例的執行畫面

8-2 控制形狀顏色與數量

< EX8-1 > 隨機顏色小圓

先從簡單的範例開始，本範例為一次性執行，執行之後會隨機產生 5 x 5 共 25 個隨機顏色的小圓。程式中運用了兩層 for 迴圈（第 9 行到 25 行），各執行 5 次，並搭配 xPos 與 yPos 變數來控制每一個小圓的圓心座標（第 15 行）。您可以自由修改 for 迴圈中 i 與 j 的上限，藉此來決定為 i x j 的矩形。另外在第 11 行到第 13 行中，我們使用了 random() 函式來隨機產生數字（結果為浮點數，所以需要強制轉換為 int 整數型別，否則會編譯錯誤），這樣就可以讓每一個小圓的顏色的紅綠藍三原色值都是隨機產生。

最後，為了能看看每次產生的隨機數值，我們使用了 print() 指令將變數值或字串顯示於 Processing IDE 下方的主控臺。這個功能與 Arduino IDE 的 Serial Monitor 是不是很像呢？

< EX8-1 > **randomColor.pde**

```
01    size(400, 400);
02    smooth();
03    background(255);
04    noStroke();
05
06    int xPos = 40, yPos = 20;
07    int i, j;
08    int r, g, b;
09    for (j=0; j<5; j++) {
10      for (i=0; i<5; i++) {
11        r = int(random(255));
12        g = int(random(255));
13        b = int(random(255));
14        fill(r, g, b);
15        ellipse(xPos, yPos, 20, 20);
16        xPos += 30;
17        print(r);
18        print(", ");
19        print(g);
20        print(", ");
21        println(b);
22      }
```

```
23        xPos = 40;
24        yPos += 40;
25      }
```

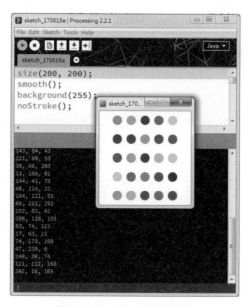

圖 8-4 ＜ EX8-1 ＞執行畫面

8-3 取得鍵盤滑鼠資訊

＜ EX8-2 ＞取得鍵盤資訊

　　另一方面，Processing 很容易就能取得電腦的鍵盤與滑鼠的狀態，本範例與先前範例最大不同之處在於程式會不斷執行，只要把想要重複執行的程式碼放在 draw() 函式[2] 中就可以了。在此我們會使用 keyPressed 這個系統變數（不須宣告就可直接使用）來偵測是否有按鍵被壓下（第 9 行），並進一步使用 key 系統變數來檢查究竟是哪個按鍵。以本範例來說，如果按下 t 的話，就會畫出另一條線。如果您希望偵測 T 的話，就需要同時按下 Shift+t 這兩個鍵。

---

2 Processing 的 draw() 函式與 Arduino 的 loop() 函式一樣，都會不斷執行其中內容。

< **EX8-2** > **getKeyboard.pde**

```
01    void setup(){
02      size(240,120);
03      smooth();
04    }
05
06    void draw(){
07     background(204);
08     line(20,20,220,100);
09     if(keyPressed){          // 檢查是否按下鍵任一鍵
10       if(key == 't'){        // 檢查是否為 't'
11       line(220,20,20,100);
12       }
13     }
14    }
```

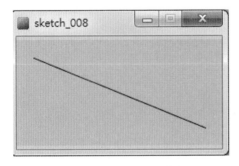 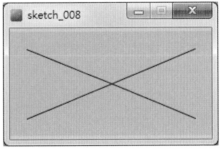

圖 8-5 ＜ EX8-2 ＞執行畫面

＜ **EX8-3** ＞ **ASWD 方塊跑來跑去**

　　來做一個進階範例吧！我們會根據鍵盤的 ADWS 四個鍵來控制小方塊的左右上下四個方向的移動，其實就是延續＜ EX8-2 ＞在程式中偵測四個按鍵而已，程式雖然變長了但是不會太複雜。第 9 行到第 22 行偵測是否按下了 a s w d 四個按鍵，並以 a、d 來控制方塊的 X 座標遞減／遞增，w、s 來控制方塊的 Y 座標遞減／遞增（一般的繪圖程式座標，Y 軸往下為正向，和數學的平面座標系不一樣）。並以此來重新繪製方塊（第 23 行）。第 24 行的 delay(100) 代表每秒更新 10 次，您可以根據您要的效果來修正這個數值。但是如果完全沒有 delay 的話，可能按一次按鍵就會讓方塊飛出邊界外囉！

　　其實在筆者小時候的電腦遊戲（那時候沒有 USB 搖桿這種東西啊！）就是用這四個方向鍵在玩的，真是懷念呢！

< EX8-3 > aswdMove.pde

```
01   int xPos=200, yPos=200;
02   void setup() {
03     size(400, 400);
04     smooth();
05   }
06
07   void draw() {
08     background(204);
09     if (keyPressed) {
10       if (key == 'w') {
11         yPos -= 5;
12       }
13       if (key == 's') {
14         yPos += 5;
15       }
16       if (key == 'a') {
17         xPos -= 5;
18       }
19       if (key == 'd') {
20         xPos += 5;
21       }
22     }
23     rect(xPos-25, yPos-25, 50, 50);
24     delay(100);
25   }
```

< EX8-4 > 跟著滑鼠游標移動的跳跳球

鍵盤看完了，接著要介紹 Processing 如何取得滑鼠游標的 XY 座標，有了這個功能之後，程式就更豐富了。滑鼠游標的座標、方向與速度都是很好的控制元素如果您的螢幕是觸碰螢幕的話，很快就能開發出類似敲地鼠或是打磚塊的遊戲。

#6~#11 是在程式初始化時隨機決定球與背景的顏色。#24 則是透過 frameCount 系統參數搭配 sin () 三角函數來決定小圓的心跳效果，分母愈大，小圓放大縮小的效果就會愈明顯。frameCount 會回傳程式從開始執行之後經過的幀數，搭配 sin () 就可以得到 -1~1 之間的連續小數，藉此來控制小圓半徑的縮放效果。

#26、#27 則是記錄上一個時間點的滑鼠位置（即圓心座標），這樣小圓就

可以根據滑鼠的曲線軌跡而非直線距離來移動。分母的 delay 值愈大，小圓跟上來的速度就愈慢。

最後則是定義了三個與滑鼠相關的函式來取得即時的滑鼠座標。

< EX8-4 > moving_circle.pde

```
01    int width = 600;
02    int height = 480;
03    float radius = 150;              // 圓圈基本半徑
04    int x, y, nx, ny;               // 座標
05    int delay = 16;                 // 延遲參數，數值愈大延遲效果愈明顯
06    int r = (int)random(255);
07    int g = (int)random(255);
08    int b = (int)random(255);       // 隨機決定背景顏色
09    int rc = r - (int)random(25);
10    int gc = g - (int)random(25);
11    int bc = b - (int)random(25);   // 隨機決定球的顏色
12
13    void setup() {
14        size(width, height);
15        strokeWeight(width/20);
16        x = width/2;
17        y = height/2;
18        nx = x;
19        ny = y;
20    }
21
22    void draw() {
23        background(r,g,b);                    // 清除背景
24        radius = radius + sin( frameCount / 4); // 更新半徑
25        // 追蹤圓圈到新終點的路徑
26        x+=(nx-x)/delay;
27        y+=(ny-y)/delay;
28
29        // 根據上述資訊畫圓
30        fill(rc,gc,bc);
31        stroke(255);
32        ellipse(x, y, radius, radius);
33    }
34
35    void mouseMoved() {
36        nx = mouseX;
37        ny = mouseY;
38    }
```

```
39
40    void mouseDragged() {
41        mouseMoved();
42    }
43
44    void mousePressed() {
45        mouseMoved();
46    }
```

執行效果如下圖，您可以拖拉滑鼠來移動這個圓圈，還可以看到它好像心跳一般，不斷縮放。

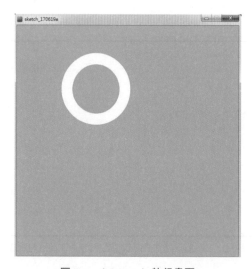

圖 8-6 ＜ EX8-4 ＞執行畫面

8-4 Processing 結合 Arduino

LattePanda 上有一片 Arduino 晶片，這可得好好運用才行！事實上，已經有很多人使用 Processing 的漂亮介面搭配 Arduino 可控制的周邊做出許許多多有趣的互動專題。以下的範例中我們只要把程式碼中的 COMX 換成您 LattePanda 的 Arduino 晶片的 COM port 編號即可，請在 Windows 裝置管理員中檢視。這在第三章已經教過囉！

加入 Processing 的 Arduino 函式庫

在讓 Processing 能與 Arduino 溝通之前，需要先在 Processing 中加入函式庫，讓兩者可以透過序列通訊（即 USB 或藍牙彼此溝通）。請點選 Processing IDE 的 Sketch->Import Library->Add Library...

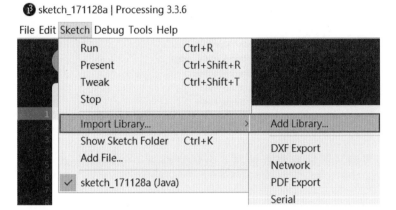

圖 8-7 匯入函式庫

在跳出的 Contribution Manager 視窗中搜尋「arduino」，並點選「Arduino(Firmata)」選項後點選 Install 來安裝。

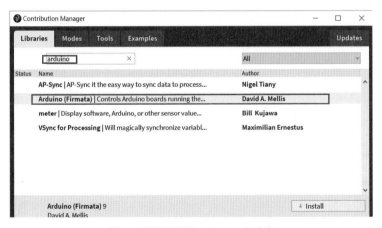

圖 8-8 搜尋並安裝 Arduino 函式庫

安裝完成後，請開啟 Files->Examples 選單，您會看到在 Contributed Libraries 選項下有 Arduino（Firmata），底下有五個範例，後續就會用到它們。

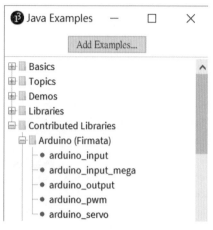

圖 8-9 開啟範例

由外部下載的函式庫都會放在＜我的文件＞/Processing/Libraries 資料夾中，如下圖。

圖 8-10 Processing-Arduino 函式庫路徑

最後請開啟 Arduino IDE 將 File/Example/Firmata/StandardFirmata 上傳到 LattePanda 上的 Arduino 裡。這個程式可以讓 Arduino 聽懂來自序列埠的所有命令。其他如 Scratch、LabVIEW 或 Python 等其他程式平臺如果要與 Arduino 通訊都是一樣的架構。

本章後續所有範例，都需要在 Arduino 上執行 StandardFirmata，請確定程式已正確上傳（或按一下 LattePanda 上的 Arduino reset 鍵），否則

Processing 執行程式會無法順利通訊而發生錯誤。

Processing 取得 Arduino 腳位狀態

< EX8-5 > 數位輸入

好的！終於可以讓 Processing 取得 Arduino 的腳位狀態了。本範例將不斷讀取 Arduino 的數位腳位狀態（高 / 低電位）以及類比腳位狀態（0 ～ 1023）來更新 Processing 各個方格與圓圈的狀態。請由本書程式碼資料夾或是直接由 Processing 的 Examples/Libraries/Arduino 路徑中開啟 arduino input 這個範例。

< EX8-5 > arduino input

```
01    import processing.serial.*;
02    import cc.arduino.*;   // 匯入所需函式庫
03    Arduino arduino;       // 宣告 arduino 物件
04
05    color off = color(4, 79, 111);      // 定義顏色
06    color on = color(84, 145, 158);
07
08    void setup() {
09      size(470, 280);
10      println(Arduino.list());// 顯示所有可用的序列埠號
11
12      // 一般來說，Arduino.list()[0] 就能自動抓到您的 Arduino
13      // 但如果不行的話，請將 Arduino.list()[0] 改為 Arduino 於
14      // 您電腦裝置管理員的序列埠號，例如 "COM3"
15      arduino = new Arduino(this, Arduino.list()[0], 57600);
16
17      // 將所有數位腳位設為輸入模式
18      for (int i = 0; i <= 13; i++)
19        arduino.pinMode(i, Arduino.INPUT);
20    }
21
22    void draw() {
23      background(off);
24      stroke(on);
25
26      // 根據腳位狀態決定是否填滿方格
27      for (int i = 0; i <= 13; i++) {
28        if (arduino.digitalRead(i) == Arduino.HIGH)// 如為高電位
29          fill(on);                                // 填滿方格
```

```
30        else
31          fill(off);
32
33        rect(420 - i * 30, 30, 20, 20);
34      }
35
36      // 根據類比輸入腳位的數值大小來繪製圓圈
37      noFill();
38      for (int i = 0; i <= 5; i++) {
39        ellipse(280 + i * 30, 240,
40              arduino.analogRead(i) / 16, arduino.analogRead(i) / 16);
41      }
42    }
```

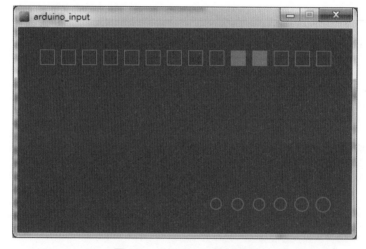

圖 8-11 ＜ EX8-5 ＞執行畫面

Processing 控制 Arduino 腳位狀態

＜ EX8-6 ＞數位輸出

輸入看完了來看輸出，請開啟以下範例。本範例會根據所點選的方格來切換數位腳位的高低電位狀態。

＜ EX8-6 ＞ arduino output

```
01    import processing.serial.*;
```

```
02    import cc.arduino.*;
03    Arduino arduino;
04
05    color off = color(4, 79, 111);
06    color on = color(84, 145, 158);
07
08    int[] values = { Arduino.LOW, Arduino.LOW, Arduino.LOW, Arduino.LOW,
09     Arduino.LOW, Arduino.LOW, Arduino.LOW, Arduino.LOW, Arduino.LOW,
10     Arduino.LOW, Arduino.LOW, Arduino.LOW, Arduino.LOW, Arduino.LOW };
11
12    void setup() {
13      size(470, 200);
14      println(Arduino.list());// 顯示所有可用的序列埠號
15      arduino = new Arduino(this, Arduino.list()[0], 57600);
16
17      for (int i = 0; i <= 13; i++)
18        arduino.pinMode(i, Arduino.OUTPUT);   // 設定所有腳位為輸出
19    }
20
21    void draw() {
22      background(off);
23      stroke(on);
24
25      for (int i = 0; i <= 13; i++) {
26      // 根據 Arduino 腳位狀態決定方格是否填滿
27        if (values[i] == Arduino.HIGH)
28          fill(on);
29        else
30          fill(off);
31
32        rect(420 - i * 30, 30, 20, 20);
33      }
34    }
35
36    void mousePressed()
37    {
38      int pin = (450 - mouseX) / 30;
39      // 如果某個方格被點選，則切換對應腳位狀態
40      if (values[pin] == Arduino.LOW) {
41        arduino.digitalWrite(pin, Arduino.HIGH);
42        values[pin] = Arduino.HIGH;
43      } else {
44        arduino.digitalWrite(pin, Arduino.LOW);
45        values[pin] = Arduino.LOW;
46      }
47    }
```

操作時，請在 D0 ～ D13 腳位接上 LED，並點選 Processing 畫面之方格即可切換腳位狀態。畫面上方格由右至左依序代表 Arduino 之 D0 ～ D13 腳位狀態，實心為高電位，空心為低電位。

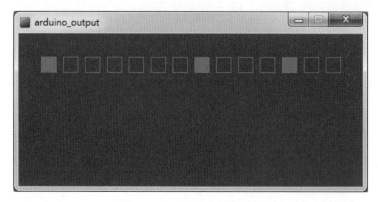

圖 8-12 ＜ EX8-6 ＞操作畫面

＜ EX8-7 ＞類比輸出 PWM

請開啟範例：arduino pwm。並找出 RGB LED 共陰極接腳，或請將 RGB LED 最長腳接地，其餘三支腳位請選兩支分別接到 LattePanda Arduino 的 D9 與 D11。我們稍後會用滑鼠的 XY 座標來控制這兩個腳位的 PWM 參數，藉此控制 RGB LED 顏色（其中兩色）的漸層變化。

＜ EX8-7 ＞ arduino pwm

```
01    import processing.serial.*;
02    import cc.arduino.*;
03    Arduino arduino;
04
05    void setup() {
06      size(512, 200);
07
08      // Prints out the available serial ports.
09      println(Arduino.list());
10
```

```
11        // Modify this line, by changing the "0" to the index of the
   serial
12        // port corresponding to your Arduino board (as it appears in the
   list
13        // printed by the line above).
14        arduino = new Arduino(this, Arduino.list()[0], 57600);
15      }
16
17    void draw() {
18        background(constrain(mouseX / 2, 0, 255));
19        // 根據滑鼠的 X 座標來決定背景顏色的紅色強度
20        // 以 LattePanda 的 Arduino 晶片來説
21        // 支援 PWM 腳位的數位腳位 3、5、6、9、10 與 11
22
23        int pin9 = constrain(mouseX / 2, 0, 255);
24        int pin11 = constrain(255 - mouseX / 2, 0, 255);
25        arduino.analogWrite(9, pin9);
26        arduino.analogWrite(11, constrain(255 - mouseX / 2, 0, 255));
27        fill(234, 102, 221);
28        textSize(32);
29        text(pin9, 10, 30);
30        text(pin11, 10, 70);
31      }
```

操作時,請在畫面上左右移動滑鼠,您會看到畫面左上方兩筆數字不斷變化,分別代表 D9 與 D11 的 LED 亮度,接在 Arduino D9 與 D11 的 LED 亮度也會隨之變化。

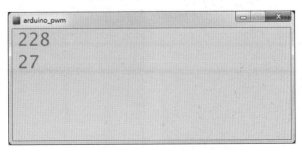

圖 8-13 ＜ EX8-7 ＞執行畫面

延伸應用

　　上述的範例如果把偵測鍵盤按鍵換成鱷魚夾，讓 Arduino 去偵測電路是否導通，就能做成水果鋼琴之類的專題。原理還是去偵測某腳位的高低電位或是類比輸入狀態，但方式則換成觸摸香蕉、蘋果等真實的東西。一起來動動腦吧！

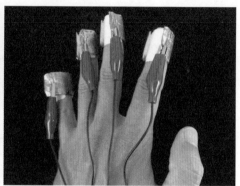

圖 8-14 使用鋁箔紙搭配鱷魚夾來取代 Arduino 按鈕

8-5 [專題] 心跳偵測器

使用 Serial plotter 顯示心跳

　　在此會用到 DFRobot 的心跳偵測器（https://www.dfrobot.com/product-1540.html），這是一款可夾在指尖、手腕等可量測到脈搏處的類比式偵測器，如下圖：

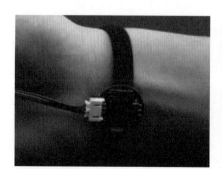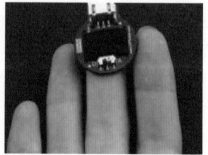

圖 8-15 將 DFRobot 的心跳偵測器夾在手腕或指尖來偵測心跳脈搏

< **EX8-8** >類比式讀取心跳偵測器

首先請透過 Arduino IDE 的 analogReadSerial 範例來取得心跳偵測器資料，再用 Arduino 的 Serial plotter 功能來視覺化呈現資料。請將心跳偵測器的訊號腳位接到 LattePanda 的 Arduino A0 輸入腳位。接著開啟 Arduino IDE 中的 File/Example/01. Basics/AnaogReadSerial 範例。

< **EX8-8** > **analogReadSerial (Arduino IDE)**

```
01    void setup() {
02      Serial.begin(9600);
03    }
04
05    void loop() {
06      int sensorValue = analogRead(A0); // 讀取 A0 腳位狀態
07      Serial.println(sensorValue);
08      delay(1);          // 每秒更新 1000 次
09    }
10
```

上傳完畢之後請由 Arduino IDE ／ Tools 選單開啟 Serial plotter 來看看數值變化，應該會看到如下圖的畫面：

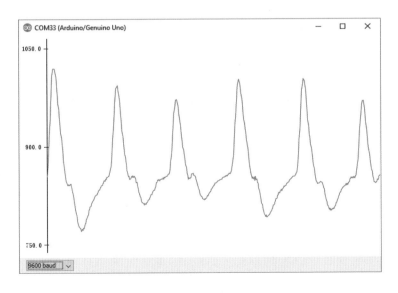

圖 8-16 使用 Serial plotter 呈現心跳資料

結合 Processing

＜ EX8-9 ＞取得心跳與溫度感測器資料

本範例將使用 Processing 呈現來自 LattePanda 上的 Arduino 資料，在此使用的是 DFRobot 的心跳感測器（接在 A0）與類比式 LM35 溫度感測器[3]（接在 A2）。，當心跳感測器數值大於一定的數值之後，D13 腳位的 LED 會亮起。並同時把溫度感測器值顯示於畫面左上角。

＜ EX8-9 ＞ getHeartbeat.pde

```
01    import processing.serial.*;
02    import cc.arduino.*;
03    Arduino arduino;
04
05    color off = color(4, 79, 111);
06    color on = color(84, 145, 158);
07
08    void setup() {
09      size(470, 200);
10      println(Arduino.list());// 顯示所有可用的序列埠號
11      arduino = new Arduino(this, Arduino.list()[0], 57600);
12      arduino.pinMode(13, Arduino.OUTPUT);   // 設定 D13 腳位為輸出
13    }
14
15    void draw() {
16      background(off);
17      stroke(on);
18
19      if( arduino.analogRead(0) > 800){   // 根據心跳來點亮 LED 燈
20        arduino.digitalWrite(13, Arduino.HIGH) ;
21      }
22      fill(234, 102, 221);
23      textSize(32);
24      text(arduino.analogRead(2), 10, 30);
25      // 將 A2 腳位，即溫度感測器值顯示於畫面
26      delay(50);
27    }
```

執行時，您應該可以看到 Arduino 端 D13 腳位上的 LED 跟著您的心跳頻率來閃爍，畫面左上角也可以看到最新的溫度值。原地小跑步一下來看看心跳與溫度的變化吧！

---

3 https://www.dfrobot.com/product-76.html

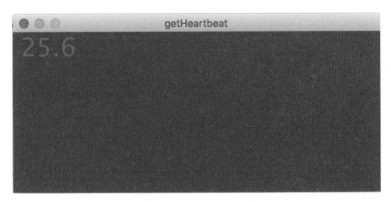

圖 8-17 <EX8-11> 執行畫面

8-6 總結

　本章介紹了 Processing 這個簡單易用的互動程式開發環境，您可以透過它來開發許多有趣的互動小遊戲。還可以結合 Arduino 來取得真實世界中的狀態。您可以在 LattePanda 的 Arduino 腳位上接上各種不同的感測器，讓您的專題更豐富。

8-7 延伸挑戰

1. 請修改 Mouse 2D 範例，改用 Arduino 搖桿模組的 X、Y 方向位移來取代原本的 X、Y 座標變化。

2. 請修改 < EX8-3 >，讓小方塊不會超出畫面邊界。

3. 請修改 < EX8-7 >，改用常見的 Arduino 搖桿模組，根據搖桿 XY 方向位移（一樣是 0 ～ 1023）來控制 LED 亮度

4. 請修改 < EX8-9 >，計算每分鐘的心跳次數，並顯示於 Processing 畫面上。

CHAPTER 09

天氣播報機器人

　　本章節將介紹如何在 LattePanda 上面打造一個智慧型的氣象預報機器人，本章節的範例使用 Python 作為主要的程式語言，搭配好用的函式庫與取用雲端 API 來達到氣象預報的功能。此外，本範例的機器人會加入對話的功能，所以要請讀者準備喇叭與麥克風，由於 LattePanda 上面的音源孔只有輸入，所以建議讀者可以買一張 USB 音效卡來轉接麥克風。

圖 9-1　USB 音效卡

本章所需元件清單：
  * 喇叭
  * 麥克風
  * USB 音效卡

9-1 Python 環境建置與安裝函式庫

　　請先參照第五章 5-1 的 Python 環境建置，將 Python 3 安裝好，並記得在安裝時要勾選將 Python 加入系統變數的選項，另外也請把 Python 編輯器 Thonny 安裝，並把 Python 直譯器的選項也設定好。

圖 9-2　安裝 Python

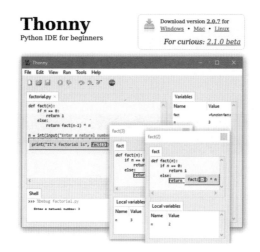

圖 9-3 Thonny Python 編輯器

　安裝完成後請呼叫您電腦的終端機來啟動 Python，Windows 的使用者請按下快捷鍵「win+R」便會在左下角顯示執行視窗，接著輸入「cmd」，這樣一來就會呼叫出 Windows 的命令提示字元。

圖 9-4 開啟命令提示字元

圖 9-5 命令提示字元畫面

1. 按著要安裝 4 個 Python 模組。請輸入「pip install SpeechRecognition」，來安裝 Python 的語音辨識函式庫，pip 是 Python 的一個跨平臺套件管理員，還能讓使用者直接透過下指令的方式，如 pip install，來安裝想要的 Python 套件，非常的方便喔！

```
Collecting SpeechRecognition
  Downloading SpeechRecognition-3.6.5-py2.py3-none-any.whl (31.8MB)
    100% |████████████████████████████████| 31.8MB 12.7MB/s
Installing collected packages: SpeechRecognition
Successfully installed SpeechRecognition-3.6.5
```

圖 9-6 安裝 SpeechRecognition

2. 接著再輸入「pip install pyaduio」，因為我們要使用到先前安裝的 SpeechRecognition 語音辨識函式庫，必須要能夠從麥克風正確的收到音訊，所以為了要在 Python 中取用輸入音訊，我們必須要再安裝 pyaudio 來接收麥克風傳來的聲音。

```
C:\Users\circle>pip install pyaudio
Collecting pyaudio
  Downloading PyAudio-0.2.11-cp36-cp36m-win32.whl (49kB)
    100% |████████████████████████████████| 51kB 499kB/s
Installing collected packages: pyaudio
Successfully installed pyaudio-0.2.11
```

圖 9-7 安裝 pyaduio

3. 輸入「 pip install gtts」來安裝 Google 的文字轉語音函式庫，當我們的機器人要說話時，其實不是直接就把想要說的話轉成聲音檔發送出去，在產生聲音檔之前，我們的程式碼會先把要講的話用文字呈現，再透過這個 gtts 函式庫轉成 Google 小姐的聲音檔。

```
C:\Users\circle>pip install gtts
Collecting gtts
  Downloading gTTS-1.2.0.tar.gz
Collecting six (from gtts)
  Using cached six-1.10.0-py2.py3-none-any.whl
Collecting requests (from gtts)
  Using cached requests-2.13.0-py2.py3-none-any.whl
Collecting gtts_token (from gtts)
  Using cached gTTS-token-1.1.1.zip
Installing collected packages: six, requests, gtts-token, gtts
  Running setup.py install for gtts-token ... done
  Running setup.py install for gtts ... done
Successfully installed gtts-1.2.0 gtts-token-1.1.1 requests-2.13.0 six-1.10.0

C:\Users\circle>
```

圖 9-8 安裝 gtts

4. 最後輸入「pip install Python-forecastio」安裝我們的主角，讀取天氣資訊的 API（Application Programming Interface），也就是提供一個應用程式介面讓我們可以透過 Python 程式碼，來讀取世界各地的天氣資訊，好比說溫度、濕度、當下氣象甚至是每小時、每天的天氣預報，底下我們將會示範如何使用這個 forecastio API。

圖 9-9 安裝 Python-forecastio

9-2　下載專案程式碼與安裝播放器

請由 github 下載本專案 https://github.com/cavedunissin/lattepanda。

圖 9-10 下載專案

從下列網址中下載 mpv 播放器，如果您想要用 Windows media player 或其他播放器也可以，但是要記得在下一步中的程式碼修改播放器的路徑，下載網址 https://mpv.srsfckn.biz/。

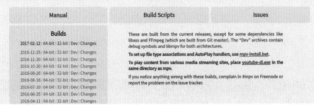

圖 9-11 下載 mpv

如果您無法解壓縮 7z 檔案，請由以下的網址中下載 7z 的安裝檔。7z 安裝檔下載網址：http://www.developershome.com/7-zip/。

圖 9-12 下載解壓縮軟體

最後請記得將解壓縮後的 mpv.exe 移動到剛剛從 github 下載並解壓縮的專案資料夾中。

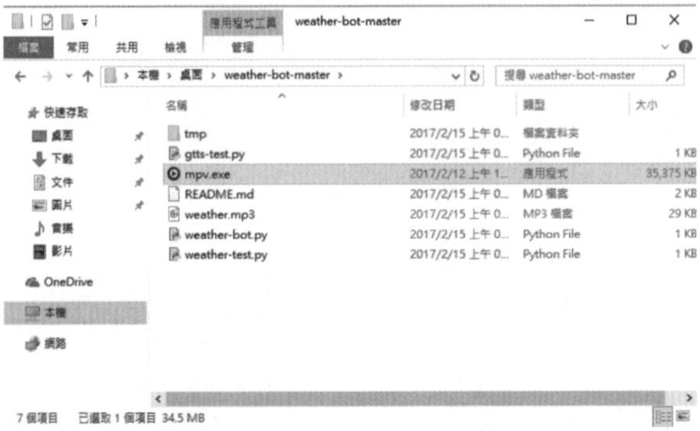

圖 9-13 開啟解壓縮後的資料夾

請點開本專案資料夾，並用 Thonny 編輯器打開 weather-test.py。

```
import speech_recognition as sr
import forecastio
from gtts import gTTS
import subprocess

api_key = 'Enter your api key'
lat = 25.0391667
lng =  121.525
lang = 'zh-TW'
file_name = 'weather.mp3'
player = 'mpv'

forecast = forecastio.load_forecast(api_key, lat, lng)
r = sr.Recognizer()

def speak(text):
    print(text)
    tts = gTTS(text, lang)
    tts.save(file_name)
```

圖 9-14 開啟專案

請將上圖中的 Enter your api key 改成您在 darksky（https://darksky.net/dev/）上取得的 api key，這個 api key 就是一個使用者認證的金鑰，如果說有人想要取用 darksky 的雲服務就必須先認證這個 key，由於我們是讓 Python 自動去認證抓取資料，所以必須在程式碼中填上您註冊的 api key，如下圖。

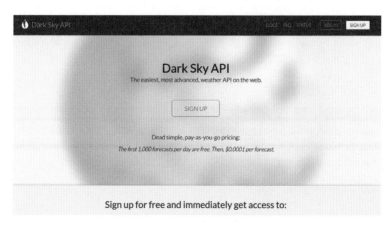

圖 9-15 取得 Dark Sky api key

請註冊一個新的帳號，並取得一個 weather api key。

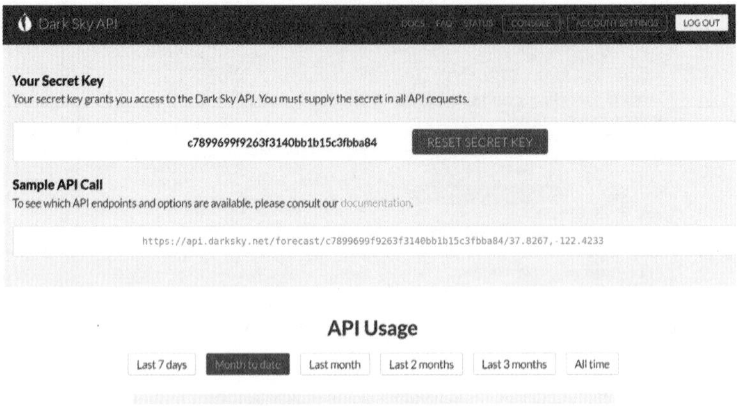

圖 9-16 取得 api key

9-3 程式碼功能解說

首先注意到前四行的函式庫引入，分別是語音辨識（speech_recognition）、氣象查詢 API（forecastio）、Google 文字轉語音（gtts）、Python 內建子程序函式庫（subprocess）。引入 subprocess 函式庫是因為我們的程式其實會執行兩個程式，一個語音查詢天氣的服務，也就是我們的主程式，另外一個則是播放器播放天氣資訊的服務，也就是需要透過 subprocess 去運作的副程式，當我們執行副程式時就會打開前面安裝過的 mpv 播放器。

< EX9-1 > weather-test.py

```
01    import speech_recognition as sr
02    import forecastio
03    from gtts import gTTS
04    import subprocess
```

接下來看看一些基本的變數設定，第 6 行的 api_key 就是前面提過 darksky api key，第 7、8 行的 lat 和 lng 分別是 latitude（緯度）和

longitude（經度）的縮寫，在此使用的是臺灣臺北市的經緯度，有興趣的讀者不妨可以修改上面的經緯度到您所在的城市甚至國外的地區都可以。

```
06    api_key = 'Enter your api key'
07    lat = 25.0391667
08    lng =  121.525
```

接下來是語音設定，我們將語言 lang 設定成 zh_TW 也就是繁體中文，讀者如果有興趣的話可以改變這個變數，將機器人對話的語言改成其他國家的語言，比如說英文 en_US。文字轉語音的結果會存成一個音樂檔叫做 weather.mp3，等等會使用播放器來開啟它，在這邊請注意 Google 文字轉語音函式庫的輸出是 mp3 檔案，所以您的副檔名要用「.mp3」。最後是 player 的變數，由於我們是用範例預設的 mpv 播放器，讀者如果想改成 Windows 內建的 Media Player 或者是額外的播放器例如 VLC Media Player，請在這邊修改您要用的播放器的執行檔路徑。

```
09    lang = 'zh-TW'
10    file_name = 'weather.mp3'
11    player = 'mpv
```

第 13 行的 forecastio.load_forecast 函式會將前面定義的三個變數，api 金鑰跟指定的經緯度，形成一個物件 forecast，之後我們要讀取氣象資訊的時候只要拿 forecast 底下的函式就能直接實做想要的功能了。

第 14 行的 sr.Recognizer 跟 forecast 很像，一樣是把語音辨識的服務生成一個叫做 r 的物件，待會要取用麥克風時，一樣會從這個物件下的函式來實做。

在第 16 ～ 20 行我們定義了一個函式，讓使用者可以輸入 text，也就是我們想要讓機器人說出的文字，就能自動經過 gTTS 文字轉語音，然後存成音訊檔，再用 subprocess.call 呼叫播放器播放。

```
13    orecast = forecastio.load_forecast(api_key, lat, lng)
14    r = sr.Recognizer()
15
```

```
16    def speak(text):
17        print(text)
18        tts = gTTS(text, lang)
19        tts.save(file_name)
20        subprocess.call([player, file_name])
```

最後看到主迴圈，第 24 行將麥克風開啟，並將聲音來源生成一個物件 source，在 26、27 行會讀取麥克風的輸入，並轉換成文字，在此使用的是 Google 語音辨識引擎，而 Python SpeechRecognition 其實還有支援其他的語音辨識引擎，比如說其他家公司提供的雲服務，例如 IBM 的 Bluemix、微軟的 Bing Voice Recognition 或是離線版的 CMU Sphinx。

而我們將辨識完成的結果存到 cmd 變數當中，然後進到 30 ～ 39 行的機器人回答服務，經過一連串的 if else 判斷來做出相對應的回答，例如「你好」或是「氣溫預報」的問答，機器人將會回答關於今天每個小時的氣溫預報，有興趣的讀者也可以自己再新增一些自己想要的互動判斷喔！

```
23    while True:
24        with sr.Microphone() as source:
25            print(" 說點什麼吧 ")
26            audio = r.listen(source)
27            cmd = r.recognize_google(audio, language = lang)
28            print(cmd)
29
30        if cmd == ' 你好 ':
31            speak(' 你好啊，我是拿鐵熊貓機器人，你可以問我有關天氣的問題喔！')
32
33        elif cmd == ' 氣溫預報 ':
34            by_hour = forecast.hourly()
35            for data in by_hour.data:
36                speak(' 在 ' + str(data.time) + ' 氣溫是 ' +  str(data.
temperature) + ' 度西 ')
37        else:
38            speak(" 對不起，我不懂你在說什麼 ")
39
```

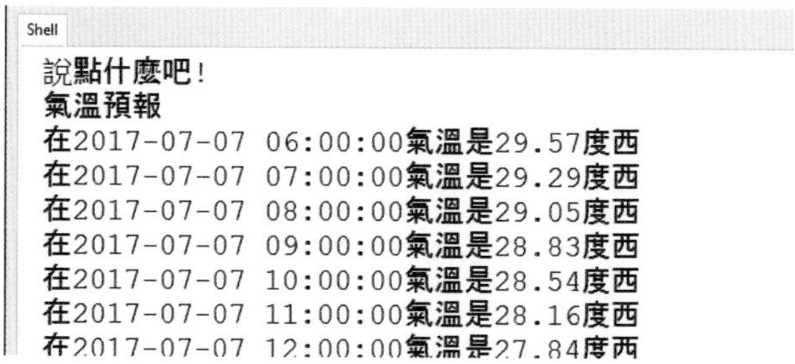

圖 **9-17** 程式執行畫面

9-4 總結

　　閱讀完本章節後，希望您已經對打造語音互動機器人跟如何取用氣象資訊有一個初步的概念，雖然是一個簡單的小機器人實作，裡面卻包含了許多重要的概念。比如說語音是如何辨識成文字的？以及怎麼把播報，正確的轉成聲音跟設定播報的語言？而本範例中讓機器人去取用氣象 API，其實也可以替換成另外一個範例比如說取用交通路況、股市漲幅，只要有對應的 API key 跟函式庫，要打造個人專屬的機器人助理其實也是沒有想像中的難喔！

9-5 延伸挑戰

　　如果您想要再玩玩更多進階的功能，可以參考 Python-forecastio 的 github 網站，裡面有詳細的說明跟應用，比如說想要知道當下的氣溫、或者是知道今天的氣象概況，甚至還能做到降雨率的預報，請試著延伸我們範例程式碼中 30 ~ 39 行的 if else 判斷式，增添更多進階的氣象查詢服務吧！

CHAPTER 10

結合雲端智能服務

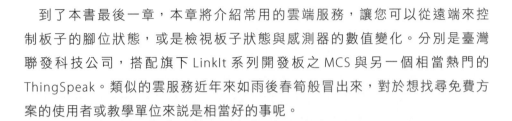

到了本書最後一章，本章將介紹常用的雲端服務，讓您可以從遠端來控制板子的腳位狀態，或是檢視板子狀態與感測器的數值變化。分別是臺灣聯發科技公司，搭配旗下 LinkIt 系列開發板之 MCS 與另一個相當熱門的 ThingSpeak。類似的雲服務近年來如雨後春筍般冒出來，對於想找尋免費方案的使用者或教學單位來說是相當好的事呢。

> **本章所需元件清單：**
> ＊ DFRobot 光感測器模組（或一般光敏電阻），請接在 A0 腳位。
> ＊ DHT11（或 DFRobot 溫濕度感測器）請接在 D9 腳位（https://www.dfrobot.com/product-174.htm）

10-1　上傳光感測器資料到 MCS

認識 MCS 雲服務

MediaTek Cloud SandBox（MCS）是聯發科技創意實驗室，為旗下 LinkIt 系列開發板所提供的專屬網頁介面雲端平臺，具有物聯網裝置最需要的資料儲存及裝置管理服務。MCS 讓您得以很快速的建立雲端應用程式，對於有意將裝置原型快速商品化的讀者來說，是一套相當便利的系統。它可以讓使用者專注在取得最重要的實體運算資料，不需要處理網路協定。而在 MCS 所提供的各種資料通道（Data channel）中，您可以輕易的為您的物聯網裝置建立一個控制面板，還能夠使用專屬的 Android 手機應用程式來檢視喔！

MCS 操作說明

接下來會依序介紹如何在 MCS 上建立原型（prototype）、建立資料通道（Data channel），以及透過 REST API 進行溝通。完成後您就可以從網頁或手機應用程式來觀看我們所上傳到 MCS 的資料啦！

請先到 MCS 網站（https://mcs.mediatek.com）註冊一個帳號，登入後的首頁如圖 10-1。

圖 10-1 MCS 主畫面

MCS 專有名詞介紹

在開始進入專案之前,介紹一下常見的 MCS 專有名詞:

◎ 原型（Prototype）:裝置原型,具備各種資料通道。

◎ 資料通道（Data channel）:帶有時間資訊的資料串,分為控制器與顯示器,並根據不同的資料型態有不同的外觀。

◎ 資料點（Datapoint）:每筆上傳的資料。

◎ 測試裝置（Test Device）:某一時間點的原型,具備自動產生的 DeviceId 與 DeivceKey。

◎ DeviceId、DeviceKey:這組資訊無法修改,用於鎖定測試裝置,需要寫在程式碼中。

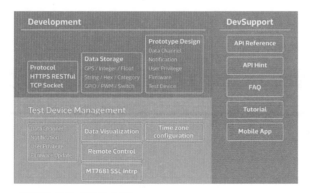

圖 10-2 MCS 雲服務架構（圖片來源:https://github.com/Mediatek-Cloud/MCS）

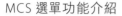

決戰！拿鐵熊貓 VS 物聯網 超入門

MCS 選單功能介紹

◎ 開發（Development）：

原型（Prototype）：新增修改原型、資料通道與測試裝置

測試裝置（Test Devices）：已建立之測試裝置清單，由此與您的開發板互動

◎ 管理（Management）：在此可看到本帳號下所有已經 beta-release 的測試裝置或裝置。請注意，您需要先把某個產品原型 beta-release 並建立為裝置之後，才能在本管理頁面中看到它們。我們目前的帳戶都屬於 Free plan，因此裝置只能有一個，但是測試裝置數量則只受到每個帳號 10 個測試裝置的總量限制。超過數量將無法再建立。

◎ 資源（Resources）：教學文件、API 參考資料、手機端程式下載與更新日誌等。

◎ 幫助（Help）：常見問題、論壇、回饋

◎ 個人檔案：設定使用者大頭照、系統語系以及開啟用於接收 App 推播訊息的手機（須先安裝 MCS Android 程式）。

資料通道（Data channel）

資料通道根據其動作分成兩種：用來發送訊息給開發板的控制器（Controller）跟接收開發板回傳的資料的顯示器（Display）。表 10-1 可看出，這兩者資料型態的差異在最後兩項，本範例將使用一個整數資料型態的顯示介面來接收，自 LattePanda 的資料。

表 10-1 資料通道內容比較

Controller 控制介面		Display 顯示介面
ON／OFF	開關	ON／OFF
Category	分類	Category
Integer	整數	Integer
Float	浮點數	Float
Hex	十六進位	Hex
String	字串	String
GPS	GPS	GPS

GPIO	GPIO	GPIO
PWM	PWM	PWM
Analog	類比 / 圖片	Image Display
GamePad	遊戲控制器 / 影像串流	Video Stream

MCS 設定

接下來要帶各位在 MCS 上，建立一個整數資料型態的顯示介面，並接收來自 LattePanda 的資料。

Step1．　登入 MCS 之後，請點選畫面左上角的「開發」，選擇「原型」。

Step2．　在畫面中點選「Create prototype」來建立新的原型。請按照圖 10-3 完成原型設定

◎ 產品原型名稱：LattePanda

◎ 產品原型版本：1.0

◎ 硬體平臺：Others

◎ 產業：其他

◎ 應用程式：其他

圖 10-3　新增整數型顯示器資料通道

Step3．　進入這個原型之後，請點選建立資料頻道，先選擇顯示器。並按照圖 10-4 完成原型設定

請注意實際上要填入程式的是資料通道 Id，但由於實際上課時多數學員容易搞混，為求簡潔，建議資料通道名稱與 Id 可以使用相同名稱。

◎資料通道名稱：sensor

◎資料通道 Id：sensor

◎描述：隨意填入

◎資料型態：在此請選整數

◎單位：在此請選「其他」，
　　後續您可根據所使用的感
　　測器來選擇正確的單位

圖 10-4 新增整數型顯示器資料通道

Step4． 這樣具有一個顯示器資料通道的原型就建立完成了，請回到原型
頁面，可以看到方才所建立的原型，由於在此尚未建立測試裝置
與裝置，因此兩個數字都是 0。請點選其右上角的「…」，可以
編輯、複製、匯出以及刪除。其中匯出之後的 JSON 檔，可以讓別
人直接匯入來建立原型，這個做法在您的原型具備多個資料通道
時非常好用。

圖 10-5 編輯原型

Step5 ·	接著是要建立測試裝置（test device）。請點選畫面右上角「創建測試裝置」，在此請輸入您喜歡的裝置名稱即可。

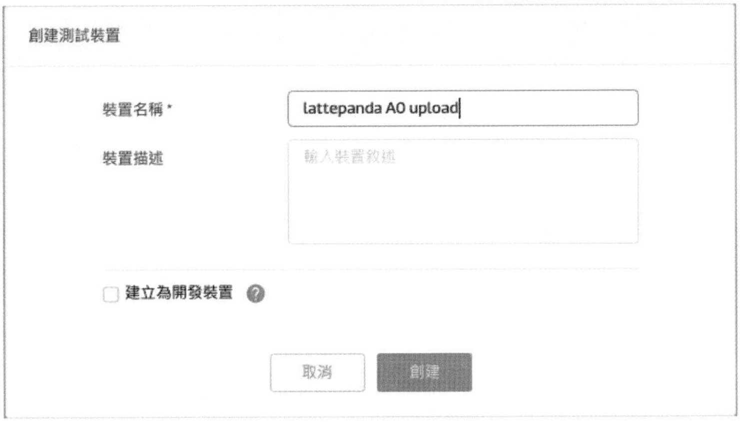

圖 10-6　建立測試裝置

Step6 ·	建立測試裝置之後，請進入測試裝置頁面。與原型頁面有點像，但是您可以在頁面右上方看到 DeviceId 與 DeviceKey 兩筆參數。這兩筆資料也要填入程式中。

圖 10-7　建立測試裝置完成

Step7 · 當您設定完成後，就能將建好的測試裝置透過 DeviceId 跟 DeviceKey 與別人分享，也可以自行設定觸發條件，讓 MCS 寄信給您。請在原型頁面下點選「觸發條件與動作」標籤，再點選「新增觸發條件與動作」來加入新的觸發條件與動作。在此需要三個小步驟：

a. 觸發條件名稱請隨意輸入，這會成為手機推播訊息標題或是電子郵件標題。

圖 10-8 編輯觸發條件

b. 這時會根據既有資料通道來建立觸發條件，請選擇方才建立的資料通道：sensor，條件請設定為大於 80。請注意，只有整數和浮點數資料通道能做為觸發條件。

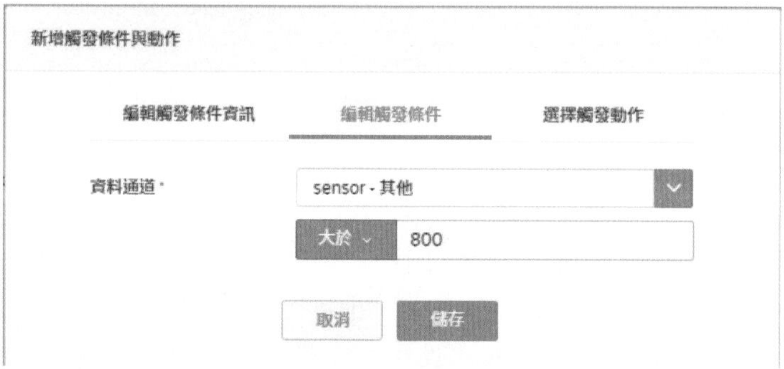

圖 10-9 編輯觸發條件

c. 最後一步是選擇觸發動作。動作類型請選擇「手機推播」（另外還有電子郵件與觸發其他網路服務的 Webhook 選項）。內容請輸入：

「LattePanda's A0 value exceeded: ${deviceName} / ${value}」，其中 ${deviceName} 與 ${value} 可以自動代出您的裝置名稱與觸發條件時的數值。

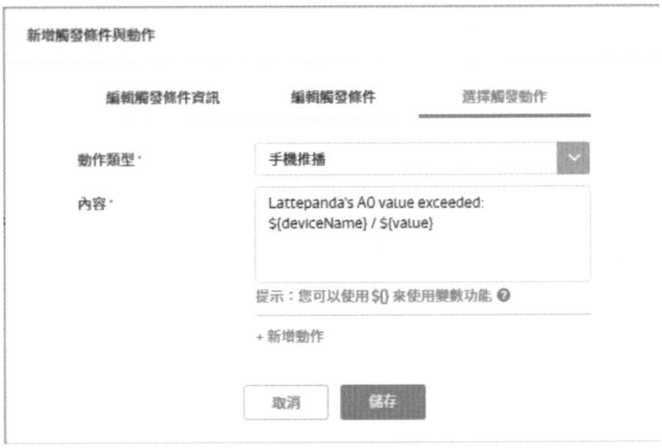

圖 10-10 選擇觸發動作

Step8・ 請注意如果要使用手機推播功能，需要先到個人檔案中（MCS 畫面右上角）打開所要接收推播訊息的手機，如下圖。當然您的手機需要先安裝 MCS app（目前只有 Android 版）。

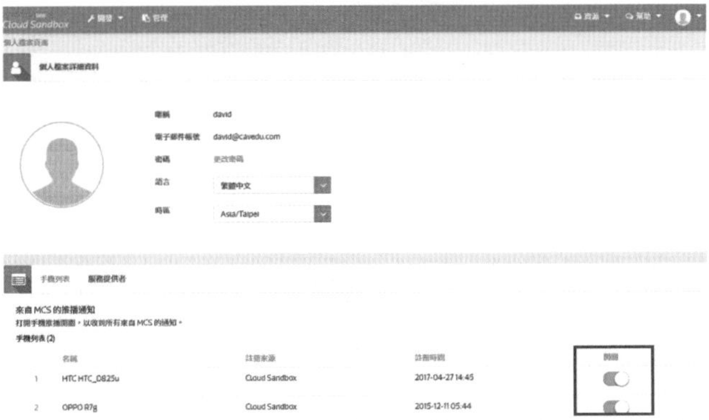

圖 10-11 於個人檔案頁面打開要接收推播訊息的手機

圖 10-12 於測試裝置的「觸發條件與動作」標籤中檢查

圖 10-13 於 Google Play 安裝「 MediaTek Cloud Sandbox」手機程式

程式說明

　　請先安裝 Python2.7（https://www.python.org/download/releases/2.7/），建立一個 mcs.py 檔之後貼入以下內容（或由本書網頁下載檔案），修改對應資訊之後使用以下指令執行：

```
$python mcs.py
```

　　執行順序請先上傳 Arduino 端的程式之後，再執行 Python 或 Node.js 任一程式即可。Python 或 Node.js 會透過程式中所設定的序列埠號向 Arduino 要資料，即類比腳位 A0 的資料。

　　之所以使用這樣的架構，是因為雖然使用了兩種程式語言，但是您可以發現程式的總行數簡化很多。如果您後續改用 Raspberry Pi 搭配 Arduino 或是 7688 Duo 的話，也可以看到這樣的混搭應用。

Python 程式說明：

　　#01~#03 匯入了本程式所需的 Python 函式庫，其中 serial 是用來與序列裝置通訊，也就是 Arduino；#05 是指定 LattePanda 上的 Arduino 晶片所取得的 COM 埠號，如您的 COM 埠號為 COM4，則請將 COMX 改為 COM4；#07 08 則是您先前辛辛苦苦在 MCS 上取得的測試裝置 DeviceId / Key；#10 MCS 所設定的資料通道 ID；#21 無窮迴圈；#22 抓到來自 Arduino 丟來的第一筆資料 'a'，這等於是標頭檔，以避免封包遺失對於通訊品質的影響；#24 使用 ser.read() 取得來自 Arduino 的資料；#27 上傳資料到 MCS。

(註：比如 Arduino 的感測器資料為 151，Arduino 傳給 Python 時資料為 a3151 #23 接收的資料為 3；#24 收的資料為 151。)

< EX10-1 > mcs.py

```
01    import serial
02    import time
03    import requests
04
05    ser = serial.Serial('COMX',9600)
06
07    device_id = "Your device ID"
08    device_key = "Your device Key"
09
10    data_channel = "sensor"
11    data_channel +=",,"
12    url = "http://api.mediatek.com/mcs/v2/devices/" + device_id
13    url += "/datapoints.csv"
14
15    def MCS_upload(value,length):
16          data = data_channel+str(value)
17            r = requests.post(url,headers = {"deviceKey" : device_
   key,'Content-Type':'text/csv'},data=data)
18          print r.text
19
20    print "Start"
```

```
21    while True:
22          if ser.read()=='a':
23                IncommingNum = ser.read()
24                sensor = int(ser.read(int(IncommingNum)))
25                a = 8
26                a += int(IncommingNum)
27                MCS_upload(sensor,a)
28
```

Node.js

Node.js 也是相同的概念，您可以比較一下與 Python 的異同，然後選一個喜歡的程式語言來開發。記得先安裝 Node.js（https://nodejs.org/en/）。

請建立一個 mcs.js 檔之後貼入以下內容（或由本書網頁下載檔案），修改對應資訊之後使用以下指令執行：

node mcs.js

< EX10-2 > mcs.js
```
01    var mcs = require('mcsjs');
02    var SerialPort = require("serialport").SerialPort
03    var serialPort = new SerialPort("COMX",
04    {baudrate: 9600
05    });
06
07    var myApp = mcs.register({
08          deviceId: 'your device ID',
09          deviceKey: 'your device Key',
10    });
11
12    serialPort.on("open", function () {
13          receivedData ="";
14          serialPort.on('data',function(data)
15          {
16                receivedData =data.toString();
17                a = receivedData.length;
18                myApp.emit('sensor','', receivedData.substring(2,a));
19                // 從字串的 2 號位置取長度 a，即可取得資料本身
20          });
21    });
```

Arduino 端

Arduino 端程式很單純，主要是多開了一個序列連線（#5 的 Serial1，代表

LattePanda 對 Arduino 的序列通訊）。進入 loop() 函式之後，#11~#13 為搭配標頭 a、資料長度與資料本體結合成一個封包之後發送給 LattePanda 端的 Python、Node.js 或其他程式。

< EX10-3 > Arduino 端程式

```
01    #define sensorPin A0
02
03    void setup() {
04      Serial.begin(9600);          //Serial monitor
05      Serial1.begin(9600);         //LattePanda 對 Arduino 的序列通訊
06    }
07
08    void loop() {
09      int Sensor = analogRead(sensorPin);
10      Serial.println(Sensor);      // 顯示 A0 腳位狀態
11      Serial1.print('a');
12      Serial1.print(String(Sensor).length());
13      Serial1.print(Sensor);
14      //#11~#13 為搭配標頭 a、資料長度與資料本體
15      // 結合成一個封包之後發送給 LattePanda
16      delay(1000);
17    }
```

實際執行

請先將 Arduino 端程式上傳到您 LattePanda 的 Arduino 上，接著開啟 Windows 的命令提示字元來執行 Node.js 或 Python（兩者任一），即可透過序列埠取得來自 Arduino 端的資料之後上傳到 MCS 雲服務，您可以看到數值的變化，並點選該資料通道的右上角的「⋯」圖示即可看到歷史數值變化，如圖 10-14。也可由 MCS 手機端 App 檢視資料，如圖 10-15。

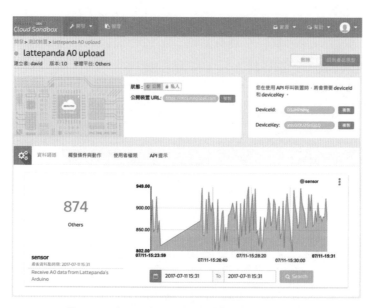

圖 10-14 於測試裝置頁面檢視資料點與歷史資料

圖 10-15 MCS 手機端 App 畫面

當數值超過我們所設定的上限時，您的 Android 手機會收到來自 MCS 手機
端程式的推播訊息，如圖 10-16。

圖 10-16 收到手機推播訊息

10-2 上傳溫溼度感測器資料到 ThingSpeak 雲服務

ThingSpeak 雲服務與設定

　　ThingSpeak 是另一個好用的雲服務，可以接收來自各種開發板或單一程式傳上去的資料，但相較於 MCS 則少了透過雲服務來控制開發板的功能。在網站上可以找到很多熱門開發板的現成範例，包含 Arduino、ESP8266 與 Raspberry Pi 等。請開啟 ThingSpeak 網站（https://thingspeak.com/）註冊一個帳號之後登入，登入之後主畫面如下圖：

圖 10-17 ThingSpeak 登入後主畫面

ThingSpeak 端設定

登入 ThingSpeak 網站之後點選「Channels」來建立新的 Channel，並如下圖填入相關資訊，由於我們要把 DHT11 溫濕度感測器的溫度與濕度數值分別傳上去，因此請將 Field1 填入 temperature，Field 2 則填入 humidity。

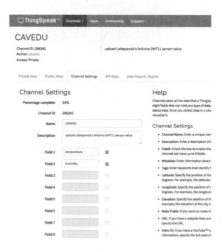

圖 10-18　Channel 下建立兩個新的 Field

建立 Channel 之後，點選 API Keys 標籤，請把上圖中的 Channel ID 與 Write API Key 記下來，後續要把這兩筆資料填入 Visual Studio 程式中。

圖 10-19　檢視 API Key（Write / Read）

於 Visual Studio 中讀取溫濕度感測器資料

請參閱第 4 章在 LattePanda 上安裝 Microsoft Visual Studio 2015（或以

上）。接著請由本書網站下載本書範例程式碼之後，使用 Microsoft Visual Studio 開啟本範例。

Arduino 端

1. 請在 Arduino IDE 中匯入 Adafruit DHT11 函式庫，由函式庫管理員中搜尋「DHT11」後點選 Install 按鈕即可。

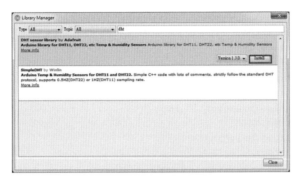

圖 10-20 安裝 Adafruit DHT11 函式庫

2. 請 開 啟 本 書 程 式 碼 資 料 夾，找 到 DHT_Firmata.ino 後 上 傳 到 您 的 LattePanda Arduino 上即可。請記得在 Arduino 草稿碼中我們將 DHT11 溫濕度感測器接在 D9 Gravity 埠或 D9 腳位，您可以修改這個腳位，只要記得程式中設定與編號一致即可。

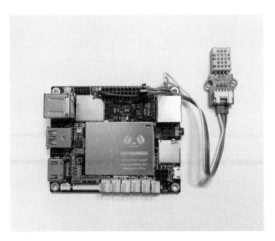

圖 10-21 DHT11 接 D9 腳位

本範例主要是要告訴您，如何透過 Visual Studio 取得 Arduino 的資料，再上傳到 ThingSpeak 雲服務。架構與上一個範例使用 Python 是一樣的，端看您在 PC 端喜歡用什麼樣的程式語言。當然在 ThingSpeak 網站上也可以找到 Python 結合 Arduino 的範例，這樣做法就與本章上一個專題差不多了。

請開啟一個新的 Visual Studio C# 專案，並於 Program.cs 中貼入以下程式碼：

< EX10-4 > program.cs

```
01    using System;
02    using System.Collections.Generic;
03    using System.Linq;
04    using System.Text;
05    using System.Threading.Tasks;
06    using System.Net;
07    using System.Threading;
08    using LattePanda.Firmata;
09
10    namespace DHT
11    {
12        class Program
13        {
14            const string WRITEKEY = "THINGSPEAK_KEY_HERE";
15            const int DELAY = 20;              // 發送時間間隔（ms）
16            const int GET_TEMPERATURE = 0x47;
17            const int GET_FAHRENHEIT = 0x48;
18            const int GET_HUMIDITY = 0x49;
19            static void Main(string[] args)
20            {
21                Arduino arduino = new Arduino();
22                while (true)
23                {
24                    Console.WriteLine("Receiving sensor data...");
25                    arduino.DHT(GET_TEMPERATURE);
26                    //For Fahrenheit : GET_FAHRENHEIT
27                    Thread.Sleep(2000);
28                    string temp = arduino.STRING_DHT;
29                    //
30                    arduino.DHT(GET_HUMIDITY);
31                    Thread.Sleep(2000);
32                    string hum = arduino.STRING_DHT;
33                    try
34                    {
```

```
35                          string rec = "";
36                          string strUpdateBase = "http://api.ThingSpeak.
                            com/update";
37                          string strUpdateURI = strUpdateBase + "?key=" +
   WRITEKEY;
38
39                          strUpdateURI += "&field1=" + temp;
40                          strUpdateURI += "&field2=" + hum;
41
42                          HttpWebRequest request = WebRequest.
                            Create(strUpdateURI) as HttpWebRequest;
43                          request.Timeout = 5000;
44                          request.Proxy = null;
45                          //request.Accept = "application/xrds+xml";
46                              HttpWebResponse response = (HttpWebResponse)
   request.GetResponse();
47                          WebHeaderCollection header = response.Headers;
48                          var encoding = ASCIIEncoding.ASCII;
49                          using (var reader = new System.IO.StreamReader
                            (response.GetResponseStream(), encoding))
50                          {
51                              rec = reader.ReadToEnd();
52                              Console.WriteLine("The data was successfully
   sent. Node Number: " + rec);
53                              Console.WriteLine(DateTime.Now.ToString("dd/
   MM/yyyy - HH:mm:ss") + " Temperature: " + temp + "  °  C" + "
   Humidity: " + hum+" %");
54                          }
55                      }
56                      catch (Exception ex)
57                      {
58                          Console.WriteLine("Error: " + ex.Message);
59                      }
60                      Thread.Sleep(1000);
61                      for (int i = 0; i < = DELAY; i++)
62                      {
63                          Console.Write(".");
64                          Thread.Sleep(1000);
65                      }
66                      Console.WriteLine();
67                  }
68              }
69          }
70      }
```

實際執行

存檔之後點選 Start 按鈕，會看到這樣的執行畫面：

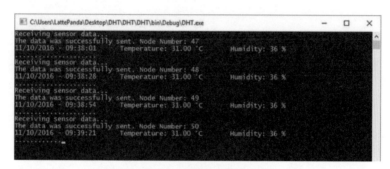

圖 10-22 Visual Studio 執行畫面

這時請開啟 ThingSpeak 網站，進入您剛剛設定好的 Channel，應該會看到類似以下的畫面，試著對感測器呵氣來改變溫度與溼度吧！

圖 10-23 於 ThingSpeak 網站檢視溫度與溼度資料變化

10-3　總結

　本章介紹了兩種雲服務：MCS 與 ThingSpeak，雖然功能上比 Microsoft Azure 來得少多了，但使用流程也因此簡化許多，功能上大致上還是可以滿足我們從雲端控制板子腳位或顯示板子資料等兩大訴求。請根據您的需求來選用合適的雲服務。

10-4　延伸挑戰

1. 請修改＜ EX10-1 ＞來上傳其他種類的感測器資料到 MCS，例如 DFRobot 套件包中之 LM35 類比式溫度感測器。。

2. 請修改＜ EX10-2 ＞來上傳其他種類的感測器資料到 ThingSpeak。

附　錄

* Kickstarter Page：www.kickstarter.com/projects/139108638/
lattepanda-a-45-winlo-computer-for-everything

* LattePanda Website：www.lattepanda.com

* LattePanda Forum：www.lattepanda.com/forum/

決戰！拿鐵熊貓 VS 物聯網 超入門

發 行 人：邱惠如

作　　者：CAVEDU 教育團隊 曾吉弘、徐豐智、李俊德、袁佑緣

總 編 輯：曾吉弘

執行編輯：郭皇甫

業務經理：鄭建彥

行銷企劃：吳怡婷

美術設計：Shelley

出　　版：翰尼斯企業有限公司

地　　址：臺北市中正區中華路二段165號1樓

電　　話：（02）2306-2900

傳　　真：（02）2306-2911

網　　站：shop.robotkingdom.com.tw

電子回函：https://goo.gl/forms/S9J0WfB6lJsC446u2

總 經 銷：時報文化出版企業股份有限公司

電　　話：（02）2306-6842

地　　址：桃園縣龜山鄉萬壽路二段三五一號

印　　刷：普林特斯資訊有限公司

■二〇一八年一月初版

定　　價：480元

I S B N：978-986-93299-3-4

國家圖書館出版品預行編目資料

決戰！拿鐵熊貓 VS 物聯網 超入門／CAVEDU
教育團隊曾吉弘 等著／-初版. - 臺北市：
翰尼斯企業，2018. 01
面；　公分

ISBN　978-986-93299-3-4（平裝）

1.迷你電腦 2.電腦程式語言

471.514　　　　　　　　　　106022835